中小学创客教育丛书

青少年乐高机器人制作

（微课版）

趣味课堂

方其桂　主　编

唐小华　贾　波　副主编

清华大学出版社

北京

内 容 简 介

本书分7个单元，共26个案例，由浅入深地向读者展现了利用乐高9686科学与技术套装、EV3套装设计和制作机器人的完整流程。全书以单元和课的形式编排，围绕机器人的组成、结构、能源、传动、齿轮、智能和设计展开。案例涉及生活用品、交通工具、武器装备、智能控制等多个领域，从简单到复杂，循序渐进，典型而富有趣味。每个案例通过作品构思，帮助学生在作品与实际生活建立联系的基础上产生疑问，通过作品规划形成作品方案。在分析和实现的过程中层层推进，解决疑问，带领学生将一个有创意的想法通过分析、规划，形成方案，最后编写程序完成作品，使学生体验成功的乐趣。学习过程中注重培养学生对事物本质特征的认知，引导学生通过观察、测量、记录等活动探究各种原理，注重学生观察能力、探究意识、空间逻辑思维等创新意识和能力的培养。

本书适合中小学生阅读使用，可以作为教材辅助校外机构及学校社团开展机器人教学活动，也可作为广大中小学教师和培训学校开展机器人教育的指导用书。

图书在版编目(CIP)数据

青少年乐高机器人制作趣味课堂：微课版 / 方其桂主编.—北京：清华大学出版社，2021.1
(中小学创客教育丛书)
ISBN 978-7-302-56219-1

Ⅰ.①青⋯ Ⅱ.①方⋯ Ⅲ.①智能机器人—程序设计—青少年读物 Ⅳ.①TP242.6-49

中国版本图书馆CIP数据核字(2020)第152614号

责任编辑：李 磊
封面设计：王 晨
版式设计：孔祥峰
责任校对：成凤进
责任印制：丛怀宇

出版发行：清华大学出版社
　　　　　网　　　址：http://www.tup.com.cn，http://www.wqbook.com
　　　　　地　　　址：北京清华大学学研大厦A座　　　　邮　　编：100084
　　　　　社 总 机：010-62770175　　　　　　　　　邮　　购：010-62786544
　　　　　投稿与读者服务：010-62776969，c-service@tup.tsinghua.edu.cn
　　　　　质 量 反 馈：010-62772015，zhiliang@tup.tsinghua.edu.cn
印 装 者：三河市铭诚印务有限公司
经　　销：全国新华书店
开　　本：170mm×240mm　　印　　张：13.5　　字　　数：312千字
版　　次：2021年1月第1版　　　印　　次：2021年1月第1次印刷
定　　价：69.80元

产品编号：085526-01

编委会

前　言

　　我们经常和各种各样的机器人"打交道"，留意周围，会发现机器人就在我们身边，小到智能手机、电视、空调等家用电器，大到智能汽车、机械臂、无人飞机等，机器人已经被应用于生活的各个领域。亲爱的读者，你是否已经准备好开始探索机器人的奇妙世界了？有没有想过自己动手设计和制作一个专属机器人？当你萌生这样的想法时，想必你一定对机器人领域的知识充满了好奇和渴望，这将成为你学习的重要动力。当你开始阅读这本书时，你的机器人探索之旅就开始了。

一、为什么参与机器人活动

　　近些年人工智能、机器人的热潮正在席卷全球，随着行业的变革，教育也在与时俱进。2017年7月国务院印发了《新一代人工智能发展规划》，明确指出在中小学设置人工智能相关课程，有些省份将编程纳入高考科目和中考特招项目。机器人课程可以激发青少年学生的兴趣，让他们在动手的过程中接触并运用不同领域的知识，有利于养成主动学习的好习惯。学生在对机器人的了解过程中，学习编写简单的程序，提高分析问题和解决问题的能力。同时通过机器人竞赛等，让青少年在搭建机器人和编写程序的过程中培养、锻炼他们的动手能力、团队协作能力和创造力。

二、机器人课程学什么

　　机器人课程大致分两种，一种是各种拼搭入门，学习机械结构，可以选择乐高9686科学与技术套装作为器材。一般从小学低年级开始学习，通过拼搭零件学习结构，然后尝试改造、创造结构，这更像是"玩"，在快乐体验中学习、巩固知识。另一种是在机械结构的基础上学会编程控制，可以选择乐高EV3套装作为器材，一般从小学中高年级开始学习。另外，对于特别感兴趣的学生，可以参与各类机器人比赛，如国际奥林匹克机器人大赛、FLL工程挑战赛等，还可以参加全国青少年机器人技术等级考试。备赛、参赛的过程本身就是提升综合能力的一种方式。

三、为什么写这本书

　　近些年，机器人教育越来越受到家长、学生的青睐，网络上的相关资源也层出不穷。俗话说"磨刀不误砍柴工"。在学习之前，你是否清楚：应该选择什么样的器材？机器人学习如何才最有效？如何通过机器人活动培养学生的综合能力？参与本书撰写的作者，十多年来一直从事机器人教育教学及竞赛活动的辅导，积累了丰富的经验。本书作为机器人学习的指导书，旨在帮助读者在创造、构建机器人以及为自己的机器人编程的同时，体验科学探究的无穷魅力。

四、本书选择的器材

目前教育机器人器材的种类、品牌有很多，本书选择的是乐高9686科学与技术套装和EV3套装。乐高9686科学与技术套装适合小学中、低年级，使用它可以搭一个天平、造一辆车、建一座桥，在体验"造物"的过程中，了解各种结构原理，探索其中的科学原理，培养动手搭建的能力，为进一步学习打好基础。EV3套装适合小学高年级和初中学生，使用它可以实现精确行驶、运输货物和参与竞赛，体验围绕具体项目设计、制作、控制机器人解决问题的全过程，培养运用多学科知识解决实际问题的能力。这两种器材涵盖了小学到初中各年龄段学生对机器人学习和探究的需求，并且网上有很多品牌的器材都能与之通用。本书使用的编程软件是LEGO MINDSTORMS EV3 Education，它是一种图形化编程工具，非常直观和易于理解。

五、本书特点

本书以单元和课的形式编排，以项目式学习设计、组织活动，案例简单经典，项目中设计各种探究活动，各种结构、原理的介绍深入浅出，循序渐进。本书的主要特点如下。

♡ **项目引领**：围绕机器人的组成、结构、能源、传动、齿轮、智能和设计7个方面，引导学生在解决问题的过程中学习。

♡ **案例经典**：全书共26个案例，内容涉及生活用品、交通工具、武器装备、智能控制等多个领域，从简单到复杂，循序渐进且趣味性十足。

♡ **学科融合**：每个案例设计各种活动。第一，注重对事物本质特征的认知，如各种物体的结构组成、特点及应用；第二，通过观察、测量、记录等活动探究各种原理，如能量的来源、各种典型的运动机构及原理；第三，注重观察能力、探究意识、空间逻辑思维等创新意识和能力的培养。

♡ **体例创新**：本书的编写体例始终将学生的自主创新放在第一位，每个案例中会设计提出问题、思维导图、举一反三、头脑风暴等各种活动，引导学生主动思考、规划、设计，在"玩中学"、在"体验中学"、在"思考中学"。

六、本书内容

本书共分7个单元，26个案例。下面对各单元内容进行简单介绍。读者可能还不熟悉用到的一些术语，但是在阅读本书后，你就会熟悉相关内容。

第1单元：介绍生活中各种各样的机器人，揭开它们的神秘面纱，了解内部组成；尝试通过模仿、搭建、控制第1个机器人，了解、熟悉9686科学与技术套装和EV3套装的零件。

第2～5单元：通过9686科学与技术套装，掌握物体搭建的基本步骤和方法，了解齿轮、履带、皮带、连杆、凸轮和蜗轮等传动机构，探究物体结构中蕴藏的物理原理，探究风能、弹性势能、重力势能在解决问题中的具体运用。

第6、7单元：使用EV3套装为机器人装上"眼睛""耳朵"等传感器，学会颜色、触碰、超声波传感器编程，让机器人看得见、听得清，让它变得更加聪明、智能；学会根据具体的项目要求，选择合适的电机、传感器和器材，设计、制作一个自己的机器人，并通过程序控制它完成任务，体验人工智能的无穷乐趣。

七、本书读者对象

这是一本机器人创客学习的指导书，希望让更多的大朋友和小朋友通过这本书打开探索机器人学习的大门。本书适合如下人员阅读。

♡ **热爱创客的小朋友**：本书采用案例的方式，由浅入深，可以帮助小朋友学会如何造物，以及根据自己的想法设计、制作、控制自己的机器人。

♡ **创客教育的老师**：本书选取的案例操作性强，难易程度适中，能够引导学生厘清设计作品所应该遵循的方法与过程，帮助他们了解在今后遇到问题时，应该从哪些方面进行思考、解决问题。

♡ **想让小朋友学习机器人的家长**：本书选择的案例贴近生活，操作方法写得也非常详尽，十分适合家长和孩子从身边的事物出发，一起学习，一起思考。

♡ **机器人辅导机构及学校、少年宫**：本书从入门到提高，共涉及 26 个典型案例，每个案例内容完整、体系清晰、资源丰富，并且每个活动都有案例拓展，辅导机构可以直接用于常规课程的教学内容，并在此基础上进一步拓展课程。

八、本书作者

参与本书编写的作者有省级教研人员，全国、省级优质课竞赛获奖教师。他们十多年来一直从事机器人教育教学及竞赛活动的辅导，不仅积累了丰富的经验，而且都有较为丰富的计算机、创客图书编写经验。

本书由方其桂担任主编，唐小华、贾波担任副主编。唐小华负责编写第 1、3 单元，苏科负责编写第 2、6 单元，赵何水负责编写第 4 单元，鲍却寒负责编写第 5 单元，贾波负责编写第 7 单元。随书资源由方其桂整理制作。

虽然我们有着十多年撰写计算机图书的经验，并尽力认真构思、验证和反复审核修改，但仍难免有一些瑕疵。我们深知一本图书的好坏，需要广大读者去检验评说，在此我们衷心希望你对本书提出宝贵的意见和建议。服务电子邮箱为 wkservice@vip.163.com。

九、配套资源使用方法

本书提供了每个案例的微课，扫描书中案例名称旁边的二维码，即可直接打开视频进行观看，或者推送到自己的邮箱中下载后进行观看。另外，本书提供教学课件和案例源文件，通过扫描右侧的二维码，然后将内容推送到自己的邮箱中，即可下载获取相应的资源（注意：请将这两个二维码下的压缩文件全部下载完毕，再进行解压，即可得到完整的文件内容）。

编　者

目录

第1单元　认识智能机器人

第2单元　机器人基础结构

第3单元　发现机器人动力

第4单元　机器人机械传动

第 5 单元　探究机器人齿轮

第 6 单元　机器人智能创意

第 7 单元　智能机器人设计

第1单元

认识智能机器人

《变形金刚》《机器人总动员》《超能陆战队》等电影为我们展示了一个个现实的、充满智慧与勇气的机器人形象。很多人对机器人这个概念还停留在科幻小说或电影里面，但近些年科技的发展，已经让很多有实际应用功能的机器人出现在我们的生活中。机器人不仅能够代替人类登陆火星和潜入深海，还可以不知疲倦地工作在工厂、公共场所和家庭等地方，使人类的生活和工作变得更加便利。

本单元就让我们一起走进机器人的世界，领略它的风采。

 本单元内容

第1课　初识智能机器人

随着科学技术的飞速发展，机器人早已走进了我们的生活。人类希望制造出像人一样会思考、会劳动的机器代替自己工作，机器人就由此得来。让我们一起走进丰富多彩的机器人世界吧！

扫一扫，看视频

任务发布

(1) 发现生活中的智能机器人，了解机器人的特点、功能、分类及组成。

(2) 了解乐高机器人科学与技术套装和 EV3 套装，认识配件的组成及名称。

知识储备

1. 读一读

我们经常和各种各样的机器人"打交道"，留意周围，会发现机器人就在我们身边。根据机器人的应用领域，可以将其分为生活机器人、娱乐机器人、教育机器人、工业机器人和军用机器人等。

♡ **生活机器人**　可以帮助人们扫地、洗衣、送餐、护理，与人交流等，减轻人们在生活中的工作量，让人们的生活更轻松，如图 1-1 所示。

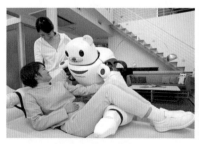
护理机器人

保姆机器人

图 1-1　生活机器人

♡ **娱乐机器人**　会唱歌、跳舞，会像宠物一样卖萌，会做许多带给人们欢乐的事情，如图 1-2 所示。

机器人乐队　　　　　　　　　　　　　　舞蹈机器人

图 1-2　娱乐机器人

♡ **教育机器人**　可以代替教师的角色，也可以辅助教师教学，还可以让学生自主搭建、编程，探索机器人的奥秘，如图 1-3 所示。

教学机器人　　　　　　　　　　　　　　互动教育机器人

图 1-3　教育机器人

♡ **工业机器人**　能按程序自动完成工作，在汽车、化工、电子、机械制造、钢铁、纺织、采矿等领域有广泛的用途，被誉为"钢领工人"，如图 1-4 所示。

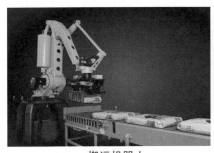 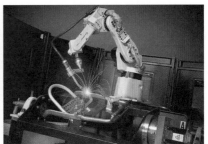

搬运机器人　　　　　　　　　　　　　　焊接机器人

图 1-4　工业机器人

♡ **军用机器人**　是明察秋毫的侦察兵，是不惧枪林弹雨的超级战士，还是能参善谋的司令部参谋，如图 1-5 所示。

地面军用机器人 军用无人机

图 1-5 军用机器人

♡ **乐高教育机器人** 提供控制器、电机、传感器、搭建零件和编程软件等，使用者可以根据自己的创意和想法选择零件，自行设计、搭建、编写程序，创作机器人作品，如图 1-6 所示。

9686科学与技术套装 EV3科技组

图 1-6 乐高教育机器人

2. 填一填

请通过上网查找，寻找更多的机器人，了解它们的名称、功能，将搜索的结果填写到表 1-1 中。

表 1-1 上网寻找机器人

机器人名称	功能	对人类的帮助
扫地机器人	家庭清洁	自动在房间内完成地板清扫、吸尘、擦地等工作

活动探究

1. 了解机器人组成

机器人外观上不都是仿人形的，它可以根据不同的使用环境和功能需求而采取不同的形状。机器人的样子千差万别，但它们一般都拥有相似的基本组成部分，分别是"大脑""四肢""感官"。

♡　**机器人的大脑**　如图 1-7 所示，拆开机器人控制器的外壳，可以看到控制器的内部构造，它是机器人的"大脑"。机器人控制器是一个计算机控制系统，可以处理外界信息并指挥机器人做出相应的动作。

控制芯片

图 1-7　机器人的大脑

♡　**机器人的四肢**　如图 1-8 所示，不同功能的机器人，四肢也不相同，有的是轮子，有的是履带。虽然形态各异，但是机器人的四肢非常灵活，能按照控制器的指令完成各种复杂的工作。

轮式四肢　　　　　　　　　足式四肢

图 1-8　机器人的四肢

♡　**机器人的感官**　如图 1-9 所示，各种各样灵敏的传感器充当了机器人的眼睛、耳朵、鼻子、嘴巴、皮肤，让机器人拥有了视觉、听觉、嗅觉、味觉、触觉等感官，进而具备强大的功能，代替人类完成各种工作。

角度传感器　　　　　　　　　　　　触碰传感器

颜色传感器

图 1-9　机器人的感官

2. 设计机器人功能

请结合趣味阅读，展开想象的翅膀，设计一款机器人，描述一下它的大脑、四肢和感官都有什么作用，在图 1-10 中写下来。

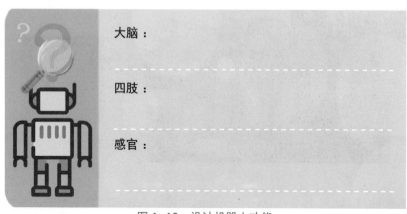

大脑：

四肢：

感官：

图 1-10　设计机器人功能

📚 知识链接

1. 乐高科学与技术套装

乐高科学与技术套装包括电池盒、电机和各种积木件，如图 1-11 所示。它可以帮助我们完成各种机器人模型的搭建，通过模型来预测、观察、调整、记录各项指标，直接体验到力、能量、磁性等科学知识。

风力车　　　　　　　弹力车　　　　　　　重力时钟

机器怪兽　　　　　　机械小狗　　　　　　码头吊车

图 1-11　乐高科学与技术套装模型

2. 乐高 EV3 套装

　　乐高 EV3 套装中有大量的科技零件和电子零件，包括控制器、电机、传感器和数据线，如图 1-12 所示。EV3 机器人用大型电机或中型电机驱动它们的轮子、手臂或其他可运动的部分。机器人用传感器接收外界信号，例如物体表面的颜色或者某个物体的距离。用数据线把电机和传感器连接到程序器上，利用 EV3 编程软件在计算机上编程，将程序下载到程序器中，机器人就可以自行执行任务。

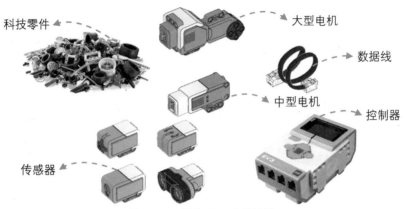

科技零件　　大型电机　　数据线　　中型电机　　控制器　　传感器

图 1-12　乐高 EV3 套装零件

💡 评价提升

1. 活动检测

　　根据你对 EV3 器材中主要零件的认识，哪些零件可以构建机器人的大脑、四肢和感官，在图 1-13 中完成下面的连线。

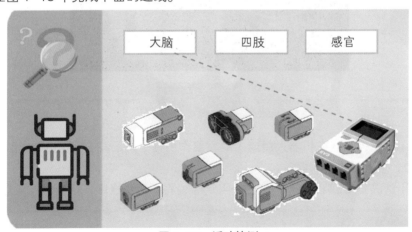

大脑　　四肢　　感官

图 1-13　活动检测

2. 活动总结

　　通过本课的学习，我们认识了很多机器人，请根据自己的学习情况，完成图 1-14 中的问题。

你可以找出每个机器人的组成部分吗？

_____

机器人给人们的生活带来了哪些变化？

_____

图 1-14　完成问题

第2课　感知机器人大脑

扫一扫，看视频

机器人需要具有灵活的"身体"，同时还要拥有功能强大的"大脑"，才能根据外部世界的变化做出相应的反应。真正的智能机器人能够使用传感器接收信息，并且能够对收集的信息进行分析、处理，并做出决策，执行新的任务。

任 务 发 布

　　(1) 认识控制器在机器人组成中的重要作用，了解 EV3 控制器的功能、按钮及端口，学会操作控制器。

　　(2) 认识 EV3 编程软件，学会使用软件编写、下载程序，控制机器人运动。

知识储备

1. 读一读

　　控制器是机器人最为核心的零部件之一，它对机器人的性能起着决定性的作用。

机器人通过传感器获取信息后，在控制器的指挥下实现人机交互。

♡　**控制器功能**　如图 2-1 所示，EV3 控制器是智能机器人的核心部分，它通过各种传感器获得信息，经过分析、处理，再发出指令，控制机器人的各种运动行为。

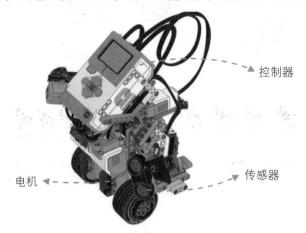

图 2-1　EV3 控制器功能

♡　**控制器按钮**　EV3 控制器是机器人活动的控制中心。如图 2-2 所示，它的外部一般包括各种接口、显示屏和操作按钮，以实现程序的下载和人机交互。

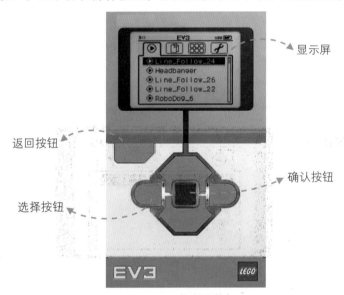

图 2-2　EV3 控制器按钮

♡　**控制器端口**　如图 2-3 所示，EV3 控制器分为输入端口和输出端口，可以通过数据线连接各类传感器和电机。其中输入端口 1 ~ 4 用于连接传感器，输出端口 A ~ D 用于连接电机。

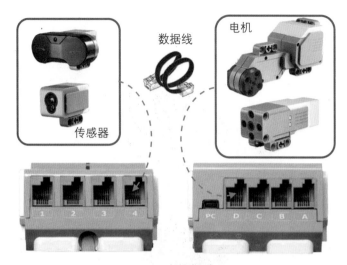

图 2-3 控制器端口

2. 填一填

按下确认按钮，打开控制器，当控制器启动时，状态指示灯变成红色。一旦启动完成，状态指示灯变成绿色，屏幕上会显示 4 个菜单选项。请自己选一选，根据菜单功能的描述，将菜单名称填入图 2-4 中的相应位置。

♡ **近期运行** 包含最近运行的程序。

♡ **文件导航** 包含若干文件夹，每个文件夹对应一个从计算机下载到控制器中的编程项目，包括程序和相关文件，例如声音文件。

♡ **程序块** 包含查看传感器的值，以及手动或自动控制电机的应用程序。

♡ **设置** 可以设置参数，例如蓝牙是否可见和音量大小等。

图 2-4 控制器菜单

活动探究

如图 2-5 所示，请设计一款能够精准行驶的小车。当小车启动时，它会以黑色线条为起点驶向红色线条，但到达红色线条时，小车停止。在行驶的过程中，小车可以根据需要调整行进的速度。

图 2-5　机器人小车效果图

1. 提出问题

根据案例描述，请开动脑筋，思考并回答下面的问题。

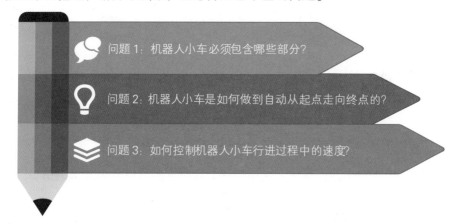

💬 问题 1：机器人小车必须包含哪些部分？

💡 问题 2：机器人小车是如何做到自动从起点走向终点的？

📚 问题 3：如何控制机器人小车行进过程中的速度？

2. 任务分析

要完成案例中的任务，首先要选择器材搭建可以行驶的小车，然后通过编程让小车自动行驶，最后通过反复测试，实现精准行驶。精准行驶机器人小车的实施步骤如图 2-6 所示。

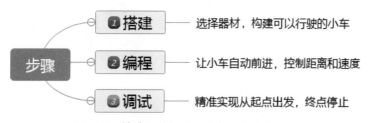

　　　　　　① 搭建 ——— 选择器材，构建可以行驶的小车

步骤 ——— ② 编程 ——— 让小车自动前进，控制距离和速度

　　　　　　③ 调试 ——— 精准实现从起点出发，终点停止

图 2-6　精准行驶机器人小车的实施步骤图

3. 任务实施

首先选择器材搭建小车，然后通过编程让小车自动行驶，最后通过反复测试，实现精准行驶。

---- 搭建小车

根据小车的结构选择需要的器材，先构造小车的底盘和框架，再搭载控制器，最后使用数据线连接电机和控制器。

01 **准备器材** 表2-1列出了机器人小车的主要器材，你能说说为什么要选择这些零件，还需要哪些辅助的零件吗？

表 2-1 **器材选择表**

名称	形状	名称	形状
控制器		电机	
数据线		框架	
轮子		各种连杆	
其他零件			

02 **搭建底盘** 按图2-7所示操作，使用框架、连杆和销可以将2个大型电机连接，构建小车的底盘。

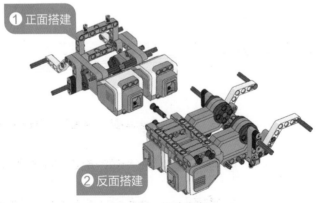

① 正面搭建
② 反面搭建

图 2-7 搭建底盘

03 **安装前轮** 按图2-8所示操作，先使用小球制作一个万向轮装置，再将其固定到车体上，作为小车的前轮。

04 **固定控制器** 按图2-9所示操作，先将电池装入控制器，再将控制器安装到底盘上，使用弯连杆和销进行固定。

图 2-8　安装前轮

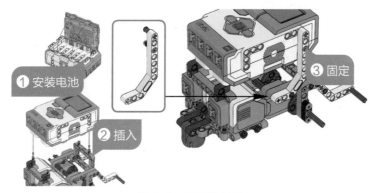

图 2-9　固定控制器

05 安装后轮　如图 2-10 所示，分别为小车安装左、右后轮。

图 2-10　安装后轮

06 端口连接　如图 2-11 所示，使用数据线将小车的左右电机连接到控制器的 B、C 端口，将传感器连接到控制器的 4 号端口。

图 2-11　端口连接

编写程序

使用计算机中的 MINDSTORMS EV3 软件写好程序，使用数据线连接控制器下载程序后运行，程序需要反复调试修改。

01 **运行软件** 双击计算机桌面上的 LEGO MINDSTORMS EV3 Education Edition 图标，启动编程软件，按图 2-12 所示操作，查看编程教程。

图 2-12 启动程序

02 **认识界面** 如图 2-13 所示，EV3 编程界面主要有"编程区""程序模块区"和"硬件页面区"组成，任何一个程序都由"开始"模块开始。

图 2-13 程序界面

03 **添加程序** 按图 2-14 所示操作，拖动"移动转向"模块到"开始"模块后，将圈数设置为 3。

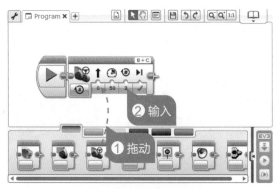

图 2-14 添加程序

04 连接控制器　按图 2-15 所示操作，使用 USB 数据线将计算机和控制器连接起来，此时软件的"硬件页面区"会显示控制器的相关信息。

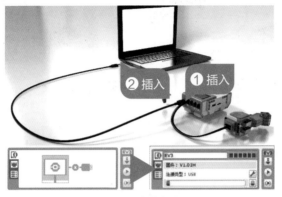

图 2-15　连接控制器

05 下载程序　按图 2-16 所示操作，先测试再将程序下载到控制器中，断开数据线。

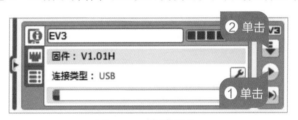

图 2-16　下载程序

06 运行调试　按图 2-17 所示操作，进入"文件导航"菜单，选择、运行下载的文件，观察机器人小车运行的结果，通过调整"移动转向"模块的圈数来控制小车的位置。

图 2-17　执行程序

知识链接

1. EV3 控制器连接到计算机

如图 2-18 所示，除了使用 USB 数据线可以连接 EV3 控制器外，还可以通过蓝牙、Wi-Fi 将其连接到计算机。使用无线连接可以远程将计算机中的程序下载到控制器中，非常方便快捷。

USB 数据线连接　　　　　　　　　　无线连接

图 2-18　连接方式

2. 硬件页面

如图 2-19 所示，"硬件页面"提供了一系列关于 EV3 控制器的信息。当使用程序时，此页面位于右下角，用于下载程序或测试。当控制器连接到计算机时，顶部小窗口处的 EV3 文本会变成红色。按钮分别有如下功能。

♡ **下载**　将程序下载到 EV3 控制器。

♡ **下载运行**　将程序下载到 EV3 控制器，并立即运行。

♡ **下载运行选定模块**　仅将突出显示的模块下载到 EV3 控制器，并立即运行。

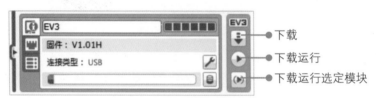

图 2-19　启动程序

评价提升

1. 活动检测

本课通过制作"精准行驶小车"详细介绍了 EV3 控制器的功能及操作，请将学习、掌握的知识填写到图 2-20 所示的思维导图的空白处。

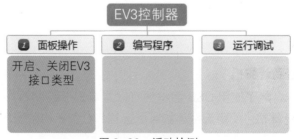

图 2-20　活动检测

2. 活动总结

通过本课的学习，我们认识了机器人的大脑——控制器。请根据自己的学习情况，完成图 2-21 中的问题。

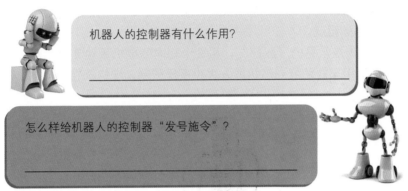

机器人的控制器有什么作用？

_____

怎么样给机器人的控制器"发号施令"？

_____

图 2-21 完成问题

第 3 课　认识机器人四肢

扫一扫，看视频

人们用手拿东西，用脚行走。人的四肢在大脑的指挥下完成各种动作。机器人的四肢都有哪些形态？各种形态的四肢在机器人大脑的指挥下可以做哪些事情呢？

任 务 发 布

(1) 认识电机在机器人组成中的重要作用，了解 EV3 大型电机、中型电机的功能及特点。

(2) 通过制作清障机器人，学会使用软件编写、下载程序，控制机器人四肢的运动。

知识储备

1. 读一读

　　机器人的四肢形态各异，典型的有轮式、履带、多足、机械臂和人形，主要由电机、齿轮和结构件等部分组成。

♡ **轮式** 是机器人最常见的"腿部"，用 2 个相同的电机带动 2 个车轮前进、后退和左右转向。使用车轮的好处是机器人大小不受限制，结构既轻巧又结实，如图 3-1 所示。

电机　　　主动轮
从动轮　　传动齿轮

图 3-1　工程车

♡ **履带** 分别位于机器人的两侧，平稳地支撑起机器人的身体，使用履带可以让机器人轻松跨越各种障碍，如图 3-2 所示。

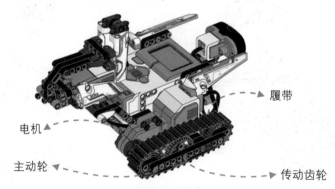

履带
电机
主动轮　　传动齿轮

图 3-2　坦克

♡ **足形** 机器人用两足、四足或六足行走，对地形适应性强，运动灵活，不易翻倒，稳定性高，如图 3-3 所示。

♡ **机械臂** 可增加机器人的伸展范围，机器人的机械臂中，每一个关节处都是由电机构成的，控制机械臂的弯曲、伸展，如图 3-4 所示。

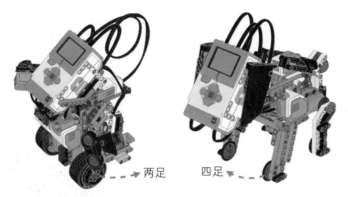

图 3-3 宠物狗

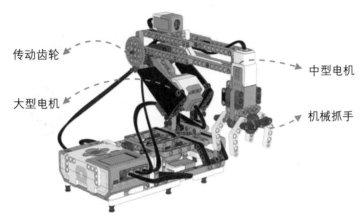

图 3-4 机械臂

♡ **人形** 具有人形的机器人，为了完成类似人的行走，人形机器人上安装了很多电机和传感器，如图 3-5 所示。

图 3-5 机甲战士

2. 想一想

如表 3-1（右）所示的 EV3 器材中，在搭建不同机器人的四肢时，通常你会选择哪些器材，请将选择的结果填写在表格中。

表 3-1　机器人四肢器材选择

机器人四肢	选择器材及理由	器材列表
轮形		
履带		
足形		
机械臂		
人形		

活动探究

制作一个机器人叉车，如图 3-6 所示。当叉车启动时，它能从当前位置出发，将货物运输到目标区。

要运输的货物

目标区

图 3-6　机器人叉车

1. 提出问题

根据任务描述，请开动脑筋，思考并回答下面的问题。

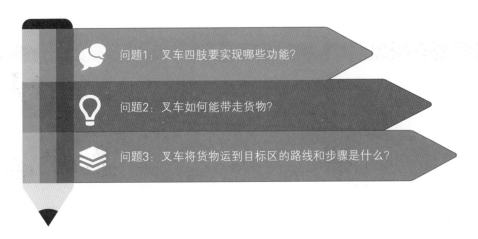

问题1：叉车四肢要实现哪些功能？

问题2：叉车如何能带走货物？

问题3：叉车将货物运到目标区的路线和步骤是什么？

2. 任务分析

　　要完成案例中的任务，首先要选择器材，搭建可以行驶的小车，然后通过编程让小车自动行驶，最后通过反复测试，实现货物运送。机器人叉车实施步骤如图3-7所示。

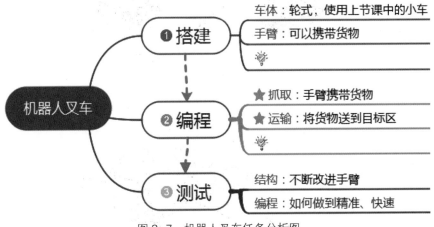

图 3-7　机器人叉车任务分析图

3. 任务实施

　　首先选择器材搭建小车，然后通过编程让小车自动行驶，最后通过反复测试，实现货物运送。

搭建小车

　　根据小车的结构选择需要的器材，先构造小车的底盘和框架，再搭载控制器，最后使用数据线连接电机和控制器。

01　准备器材　表3-2列出了机器人叉车的主要器材，要了解为什么要选择这些器材，还需要哪些辅助的器材。

表 3-2　器材选择表

组成	器材	组成	器材
小车		手臂	
其他器材			

02 制作手臂　如图 3-8 所示，使用中型电机、齿轮制作手臂，也可以根据自己的需要进行改进。

图 3-8　制作手臂

03 连接手臂　如图 3-9 所示，将手臂固定到小车前端，使用数据线将手臂连接到控制器的 A 端口。

图 3-9　连接手臂

编写程序

使用计算机中的 MINDSTORMS EV3 软件编写程序，再使用数据线连接控制器下载程序后运行，程序需要反复调试修改。

01 启动软件　双击计算机桌面上的 LEGO MINDSTORMS EV3 Education Edition 图标，启动编程软件，单击"添加程序 / 实验"按钮，新建程序文件。

02 添加大型电机模块　按图 3-10 所示操作，拖动"大型电机"模块到"开始"模块后，将端口设置为 C，圈数设置为 0.3。

图 3-10　添加大型电机模块

03 添加移动转向模块　按图 3-11 所示操作，拖动"移动转向"模块到"大型电机"模块后，将功率设置为 75，圈数设置为 2。

图 3-11　添加移动转向模块

04 添加中型电机模块　按图 3-12 所示操作，拖动"中型电机"模块到"移动转向"模块后，将模式更改为"开启指定秒数"，秒数设置为 1。

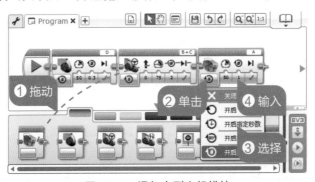

图 3-12　添加中型电机模块

05 添加大型电机模块和移动转向模块　使用相同的方法，添加"大型电机"模块和"移动转向"模块，实现转角和移动，将货物运送到目标区。

06 下载运行程序　使用 USB 数据线将计算机和机器人连接起来，将程序下载到控制器中，断开数据线，选择程序运行并修改参数调试。

知识链接

1. 机器人转向

　　差速转向运动是轮式机器人普遍采用的方式，它通过改变 2 只驱动轮之间的速度和方向来改变行进方式。左右 2 个驱动轮的速度差越大，机器人的转弯半径就越小；反之则转弯半径就越大。可以通过改变"移动槽"B、C 电机的速度控制机器人转弯。如图 3-13 所示，绿色代表轮子朝前滚动，黄色箭头表示机器人实际的运动方向。

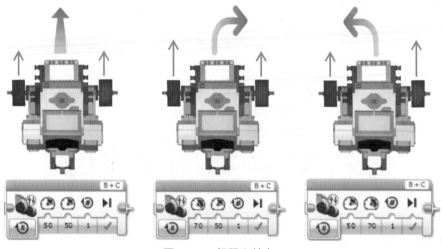

图 3-13　机器人转向

2. 移动转向模块

　　如图 3-14 所示，"移动转向"模块有几种模式，可以单击"模式选择"按钮选择其中任意一种，每种模式都有所不同。例如，第一种是"开始旋转"模式，可以设置让电机带动机器人转几圈，一般用于控制车轮；而第二种是"开始数秒"模式，可以设置机器人在几秒内完成动作，一般用于控制机械手臂。

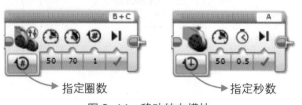

图 3-14　移动转向模块

评价提升

1. 活动检测

如表 3-3 所示，红色箭头代表轮子朝前滚动，蓝色箭头代表轮子朝后滚动，请根据图形判断小车的运动状态，将结果填写在下列表格中。

表 3-3　判断小车运动状态

项目	A 组	B 组	C 组
车轮方向			
运动状态			

2. 活动总结

请根据本课介绍的机器人四肢类型，说一说它们各有什么特点，都需要哪些器材搭建？并完成图 3-15 中的连线题。

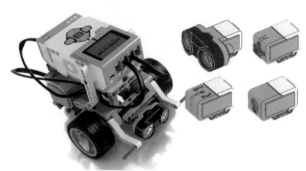

履带　　机械臂　　足形

图 3-15　完成连线题

第 4 课　了解机器人感官

传感器是机器人感受外界信息的重要部件，就像人的眼睛、耳朵、皮肤等感觉器官一样，能够使机器人"看到""听到"或"触摸到"外界环境。用于机器人的传感器有许多种，例如灰度传感器、红外传感器、声音传感器、触碰传感器等。

扫一扫，看视频

任务发布

(1) 认识传感器在机器人组成中的功能和作用，学会根据需要为机器人选择合适的传感器。

(2) 学会为机器人搭载传感器，了解使用传感器控制机器人完成指定任务的步骤与方法。

知识储备

1. 读一读

机器人能够"看得见""听得到"，主要是因为有灰度、声音等传感器的帮助，这些传感器构成了机器人的"视听感官"。

♡ **送餐机器人** 如图 4-1 所示，送餐机器人的底部搭载了灰度传感器，通过"看"地上的线条前进，将食物送给客人。

图 4-1 送餐机器人

♡ **自动避让小车** 如图 4-2 所示，机器人小车的头部搭载了声音传感器、超声波传感器模块。可以直接通过语音给小车下达"启动"和"停止"的指令。机器人像蝙蝠一样通过声呐来感知周围的环境，可以根据障碍物的距离精确控制机器人，轻松地避开障碍物。

图 4-2 自动避让小车

♡ **互动机器人** 如图 4-3 所示，你只要触摸机器人某个部位，它就会做出相应的动作；再触碰一下，它就停止动作。

图 4-3　互动机器人

色块分拣机器人　如图 4-4 所示，是使用乐高 EV3 制作的色块分拣机器人。将色块放入滑道，机器人可以自动识别色块的颜色，并通过传送带将不同的色块传送到不同的盒子里。

图 4-4　色块分拣机器人

2. 填一填

请根据前面介绍的机器人，说一说它们都装载了哪些传感器，各有什么作用？你还可以为它们添加哪些传感器，完成更加特殊的任务，并完成表 4-1 的填写。

表 4-1　**机器人传感器选择**

机器人	使用的传感器	创意改进
送餐机器人		
自动避让小车		
互动机器人		
色块分拣机器人		

活动探究

如图 4-5 所示，制作一个"跟屁虫小车"。小车开启时原定静止，但发现前方有物体时，它就会前进；当物体消失时，它又会停止。

图 4-5 跟屁虫小车

1. 提出问题

根据任务描述，请开动脑筋，思考并回答下面的问题。

💬 问题1：跟屁虫小车如何能发现物体？

💡 问题2：发现物体时小车做什么？

📚 问题3：当物体消失后小车又做什么？

2. 任务分析

要完成案例中的任务，首先要为小车选择合适的感官，然后通过编程让小车在发现物体和物体消失时分别做出不同的反应，最后通过反复测试，实现跟随物体移动的效果。实施步骤如图 4-6 所示。

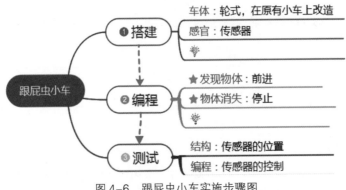

图 4-6 跟屁虫小车实施步骤图

3. 任务实施

首先要为小车选择合适的感官，然后通过编程让小车在发现物体和物体消失时分别做出不同的反应，通过反复测试，实现跟随物体移动的效果。

搭建小车

根据小车的结构选择需要的器材，先构造小车的底盘和框架，再搭载控制器，最后使用数据线连接电机和控制器。

01 **准备器材**　表 4-2 中列出了跟屁虫小车的主要器材，你能说说为什么要选择这些零件，还需要哪些辅助的零件吗？

表 4-2　**器材选择表**

组成	器材	组成	器材
小车		感官	
其他零件			

02 **安装传感器**　如图 4-7 所示，为小车安装超声波传感器，使用数据线将传感器连接到控制器 4 号端口。

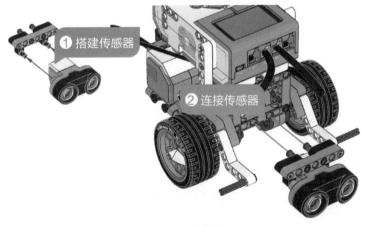

① 搭建传感器

② 连接传感器

图 4-7　安装传感器

03 **完成搭建**　如图 4-8 所示为小车正面、底部效果图，你也可以根据自己的需要进行改进。

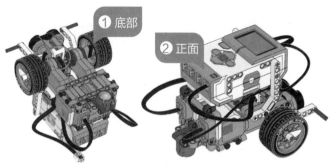

图 4-8　小车效果图

编写程序

使用计算机中的 MINDSTORMS EV3 软件编写程序，使用数据线连接控制器下载程序后运行，程序需要反复调试修改。

01 **启动软件**　双击计算机桌面上的 LEGO MINDSTORMS EV3 Education Edition 图标，启动编程软件，单击"添加程序 / 实验"按钮，新建程序文件。

02 **添加循环模块**　按图 4-9 所示操作，拖动"循环"模块到"开始"模块后。

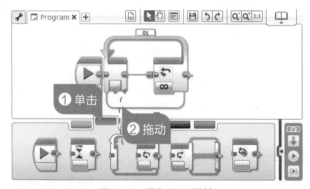

图 4-9　添加循环模块

03 **添加超声波传感器模块**　按图 4-10 所示操作，拖动"超声波传感器"模块到"循环"模块内。

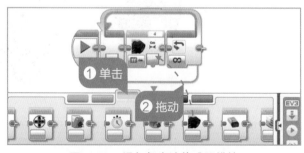

图 4-10　添加超声波传感器模块

04 添加范围模块　按图 4-11 所示操作，拖动"范围"模块到"超声波传感器"模块后，将范围值设定为 10~20。

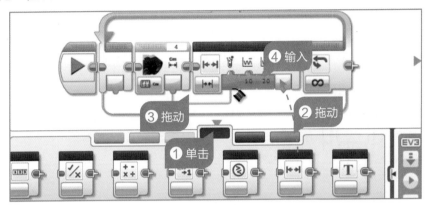

图 4-11　添加范围模块

05 添加切换模块　按图 4-12 所示操作，添加"切换"模块，当超声波传感器的值在 10~20 内开启移动，否则停止。

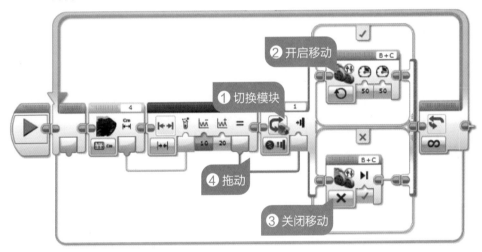

图 4-12　添加切换模块

06 下载运行程序　使用 USB 数据线将计算机和机器人连接起来，将程序下载到控制器中，断开数据线，运行并调试程序。

💡 评价提升

1. 活动检测

通过本课的学习，我们知道 EV3 套装中有许多的传感器，运用这些传感器你能设计出哪些有趣的机器人，请说一说。

2. 活动总结

在 EV3 套装中，有颜色、超声波、陀螺仪等各种传感器，请上网找一找它们的外形及功能。将图 4-13 中的传感器和对应的名称用线连起来。

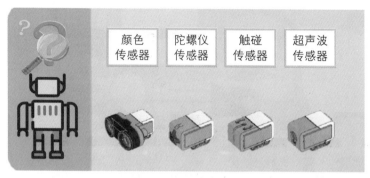

图 4-13　完成连线题

第 2 单元

机器人基础结构

　　本单元使用乐高 9686 科学与技术套装，通过构建秋千、天平、惯性小车，掌握搭建的基本方法和步骤，探究单摆、杠杆、惯性等原理在物体构建过程中的运用，为学习物理提供帮助。

　　本单元选择生活中常见的几个物体，设计了 3 个活动，分别是"古老的秋千""摇摆小天平""惯性溜溜车"。对于这些看似普通的物体，通过看一看、搭一搭、玩一玩，你会发现它们中间蕴含着神秘的物理规律。

本单元内容

第 5 课 古老的秋千

扫一扫，看视频

荡秋千是中国古代北方少数民族创造的一种运动，如今是小朋友们喜欢的游戏之一。常见的秋千是将长绳系在架子上，下挂蹬板，人随蹬板来回摆动。在本课中，我们一起制作一个简易的秋千。

任 务 发 布

(1) 了解秋千的功能、结构及原理，学会使用 9686 科学与技术套装搭建简易的秋千。

(2) 学会使用秋千探究单摆的原理，了解单摆的要素，学会使用单摆的原理搭建其他作品，解决生活中的问题。

构思作品

秋千有很多种类，结构也有很大的差异。在构思这个作品时，首先要明确作品的功能与特点，然后提出并思考设计作品中需要解决的问题，并能够提出相应的解决方案。

1. 明确功能

要制作一个秋千，首先要知道它应当具备哪些功能或特征。请将你认为需要达到的目标填写在图 5-1 的思维导图中。

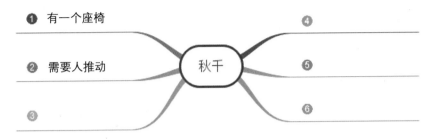

图 5-1　构思秋千结构

2. 头脑风暴

　　单杠是一种常见的健身器材，海盗船是一种公园中常见的游乐项目，吊椅也是生活中常见的休闲用品。如图 5-2 所示，请仔细观察单杠、海盗船与吊椅，并比较秋千和它们的异同。我们在设计秋千的时候，有哪些地方需要借鉴？

图 5-2　常见休闲用品

3. 知识准备

　　在荡秋千的过程中，从侧面观察，人和座椅一起围绕着一个固定点来回摆动，是一种近似的单摆运动。单摆是一种理想的物理模型，它由理想化的摆线和摆球组成。摆线是质量不计、不可伸缩的细线；摆球密度较大，而且球的半径比摆线的长度小得多，由摆线和摆球构成单摆。如图 5-3 所示，钟摆、吊灯和风铃也有类似的运动。

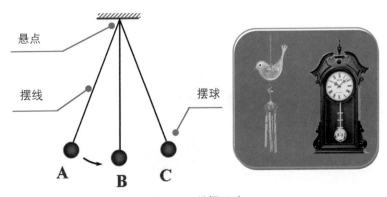

图 5-3　单摆运动

4. 提出方案

通过上面的活动，我们了解到秋千可以使用单杠加吊椅的结构。在外力的作用下，吊椅可以绕着单杠横梁来回摆动。如图 5-4 所示，提出秋千的初步方案。

图 5-4　初步方案

规划设计

1. 作品规划

根据以上方案，可以初步设计出作品的构架，请规划作品所需要的元素，将自己的想法和问题添加到图 5-5 的思维导图中。

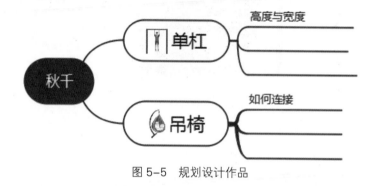

图 5-5　规划设计作品

2. 作品结构

秋千由底座、支架、横梁、摆臂和座椅 5 部分组成。根据图 5-6 所示，你有什么更好的结构方案吗？

图 5-6　设计作品结构

3. 实施步骤

对作品的功能、特点及结构进行分析之后，需要考虑的问题就是如何分步来完成作品的制作。如图 5-7 所示，这个作品将被分为 4 个步骤来完成，请思考这 4 个步骤应当如何安排顺序，并用线连一连。

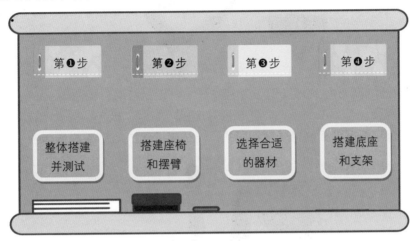

图 5-7　安排实施步骤

任务实施

秋千由底座、支架等 5 部分组成，你觉得应该按照什么顺序搭建比较合理呢？请试试看吧！搭建所需的器材如表 5-1 所示。

1. 器材准备

表 5-1　秋千需要的器材清单

名称	形状	名称	形状	名称	形状
梁		孔连杆		板	
轴		销		轴套	
开口栓连接器					

2. 搭建组装

搭建秋千时，可以分模块进行。首先是搭建秋千的底座和支架；然后确定摆臂的长度，搭建一个座椅；最后将摆臂与支架连接成一体。大家也可以根据自己的想法进行搭建，只要能够实现秋千的功能即可。

01 搭建底座和支架　将 4 根梁作为底座的主体，用板进行连接固定，在底座上安装 15 孔连杆和 11 孔连杆作为支架，如图 5-8 所示。

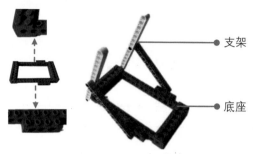

图 5-8　搭建底座和支架

02　搭建座椅和摆臂　座椅以 3 根 3 孔连杆作为基础，用销和板进行连接固定，座椅两侧要有露出一个单位的销，方便与摆臂连接。使用 2 根 11 孔连杆与座椅连接在一起，摆臂可根据需要选择长度不同的孔连杆来搭建，如图 5-9 所示。

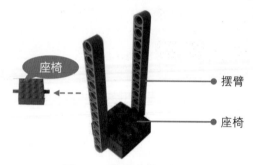

图 5-9　搭建座椅和摆臂

03　整体搭建　选择 12 单位的长轴作为横梁，将摆臂与长轴进行装配，可以使用轴套等零件进行固定，最后与支架进行组装，如图 5-10 所示。

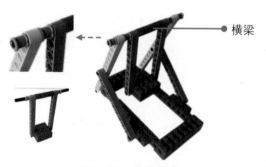

图 5-10　整体搭建

思考

　　(1) 秋千的摆臂是否能够灵活摆动？你在搭建过程中运用了哪些方法让摆臂能够灵活摆动？

　　(2) 你是如何确定横梁位置的？横梁位置对于整个结构的稳定性是否有影响？

3. 功能检测

♡ **起始高度的影响**　使用搭建的秋千，按照表 5–2 中"分组"所示开展实验，让座椅从不同高度的起点开始运动，数一数秋千摆动的次数，思考分析原因，将结果记录在表 5–2 中。

表 5–2　秋千摆动次数记录表

分组	结果	原因分析
	摆动 ___ 次	
	摆动 ___ 次	
	摆动 ___ 次	

思考　对于理想化的单摆模型，摆线是质量不计、不可伸缩的细线；摆球密度较大，而且球的半径比摆线的长度小得多，这样才可以将摆球看作质点，由摆线和摆球构成单摆。秋千结构与理想的单摆结构有哪些异同？

♡ **摆臂长度的影响**　摆动频率是指单摆在单位时间内摆动的次数。制作多个摆臂长度不同的秋千进行实验，在初始角度相同的情况下，比较相同时间内摆动的次数。完成实验以后，自己总结一下摆动频率与摆臂长度有什么关系，并将结果记录在表 5–3 中。

表 5–3　秋千摆动频率记录表

摆臂长度	频率	结论
__单位	__次	
__单位	__次	
__单位	__次	

思考　频率是单位时间内完成周期性变化的次数，是描述周期运动频繁程度的量，单位为秒分之一。为了纪念德国物理学家赫兹的贡献，人们把频率的单位命名为赫兹，简称"赫"，符号为 Hz。单摆的运动周期是单摆完成一次完整的往复运动所用的时间。请问：频率与周期是什么关系？

 拓展创新

1. 任务拓展

　　牛顿摆模型是由法国物理学家马略特最早于 1676 年设计的。当摆动最右侧的球并在回摆时碰撞紧密排列的另外 4 个球，最左边的球将被弹出，并仅有最左边的球被弹出。当然此过程也是可逆的，当摆动最左侧的球撞击其他球时，最右侧的球会被弹出。当最右侧的两个球同时摆动并撞击其他球时，最左侧的两个球会被弹出。同理，相反方向同样可行，并适用于更多的球，3 个、4 个、5 个……请比较单摆结构和牛顿摆结构，它们有哪些相同点和不同点？在图 5-11 中填写。

图 5-11　填写结果

2. 举一反三

　　亲爱的小创客，你还能运用单摆原理使用乐高器材搭建出什么样的作品呢？期待看到你更加富有创意的作品哦！提示：图 5-12 所示为钟摆。

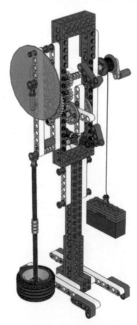

图 5-12　钟摆

扫一扫，看视频

第 6 课　摇摆小天平

在物理、化学实验室中，我们会见到一种称物体质量的仪器，它就是天平。它是一种衡量器，可以帮助人们衡量物体的质量。天平上有一个支点和两个臂，每一个臂上装有一个托盘。在本课中，我们一起制作一个简易的天平。

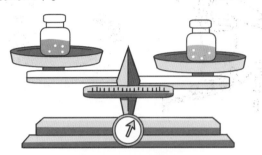

任 务 发 布

(1) 了解天平的作用、结构及原理，学会使用 9686 科学与技术套装搭建简易的天平。

(2) 学会使用天平探究杠杆原理，了解杠杆的要素，学会使用杠杆原理搭建其他作品，解决生活中的问题。

构思作品

天平有很多种类，结构也有很大差异。实验室中最常见的是托盘天平，本课我们要制作一个能模拟出天平功能的作品。在构思这个作品时，首先要明确作品的功能与特点，然后提出并思考设计作品中需要解决的问题，并能够提出相应的解决方案。

1. 明确功能

要制作一个天平，首先要知道它应当具备哪些功能或特征。请将你认为需要达到的目标填写在图 6-1 所示的思维导图中。

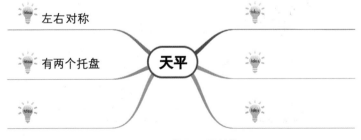

图 6-1　构思天平结构

2. 头脑风暴

走钢丝是中国拥有悠久历史的杂技项目，演员靠横握着一根长杆能够如履平地般地行走在钢丝之上，掌握平衡的技巧是他们能够健步如飞的关键。跷跷板是常见的儿童游戏用具，可以两人或多人同时参与游戏。如图 6-2 所示，请仔细观察，并比较天平和它们的异同。我们在设计天平的时候，有哪些地方需要借鉴？

图 6-2　走钢丝与跷跷板

3. 知识准备

天平是利用杠杆的平衡条件来测量物体质量的，它是一种非常典型的机械结构。一根硬棒在力的作用下如果能绕着固定点转动，这根硬棒就叫作杠杆。杠杆又分成费力杠杆、省力杠杆和等臂杠杆。如图 6-3 所示，剪刀、指甲钳等生活用品都是杠杆原理的实际应用。

图 6-3　杠杆原理的应用

4. 提出方案

通过上面的活动，我们了解到天平就是一个类似于跷跷板的杠杆结构。天平两侧如何放置测量物品？天平支点如何选择？这些都是需要考虑的问题。如图 6-4 所示，提出天平的初步方案。

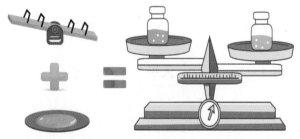

图 6-4　初步方案

规划设计

1. 作品规划

根据以上方案，可以初步设计出作品的构架，请规划作品所需要的元素，将自己的想法和问题添加到图 6-5 所示的思维导图中。

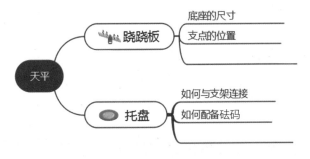

图 6-5　规划设计作品

2. 作品结构

天平由底座、支架、横梁、托盘和指针 5 部分组成。研究图 6-6 所示的结构，你有什么更好的结构方案吗？

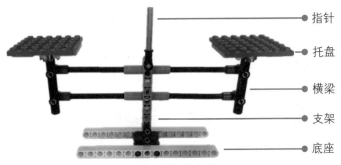

图 6-6　设计作品结构

3. 实施步骤

对作品的功能、特点及结构进行分析之后，需要考虑的问题就是如何分步来完成作品的制作。如图 6-7 所示，这个作品将被分为 4 个步骤来完成，请思考这 4 个步骤应当如何安排顺序，并用线连一连。

图 6-7　安排实施步骤

任务实施

作品的实施主要分为器材准备、作品搭建和功能检测3部分。首先根据作品结构选择合适的器材；然后依次搭建底座支架和横梁，并将其组合；最后测试作品功能，开展实验探究活动。

1. 器材准备

天平的底座、支架选择梁、孔连杆和板；横梁选择轴和交叉块。此外还有一些连接件，主要器材清单如表6-1所示。

表6-1　天平器材清单

名称	形状	名称	形状	名称	形状
梁		孔连杆		板	
轴		各种轴套		各种销	
正交连轴器		连接器		圆砖	
T型连杆		套管			

2. 作品搭建

搭建天平时，可以分模块进行。首先是搭建天平的底座和支架；然后确定支点的位置，搭建一个横梁；最后搭建左右两侧的托盘和用于测量的砝码。大家也可以根据自己的想法进行搭建，只要能够满足天平的功能。

01 搭建底座和支架　将2根15孔连杆作为最底层，在最底层上安装9孔连杆作为竖直支架，左右两侧对称，用T型连杆和销进行连接固定，如图6-8所示。

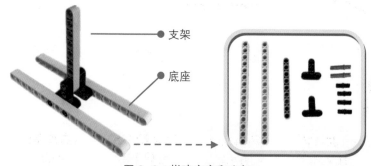

支架

底座

图6-8　搭建底座和支架

02 搭建横梁　横梁以4根8单位的轴作为基础，用套管、连接器、正交连轴器和轴进行连接。为了提高天平的灵敏度，两端的连接销需要用光滑的销，如图6-9所示。

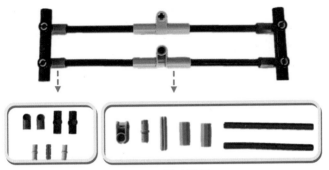

图 6-9　搭建横梁

03 **搭建托盘和指针**　托盘是用来摆放砝码和物品的，用板进行组合形成一个方形的托盘，反面中心固定了一个圆积木；指针是用来判断天平的平衡状态的，如图 6-10 所示。

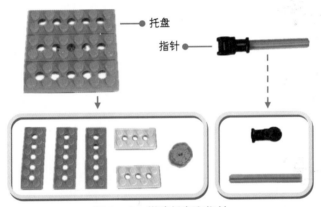

图 6-10　搭建托盘和指针

04 **整体搭建**　将支架与横梁用轴和销进行连接，轴套起到固定的作用，要求松紧适当，降低横梁转动时的阻力，如图 6-11 所示。

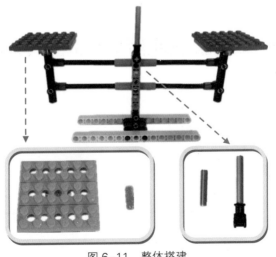

图 6-11　整体搭建

思
考

(1) 天平两端的平衡受哪些因素的影响？你在搭建过程中用了哪些方法让天平保持平衡的？

(2) 你是如何确定天平两端托盘位置的？托盘除了固定在横梁的上方，还可以设计成什么样式？

3. 功能检测

♡ **积木称重**　使用搭建的天平，假定一个 3 孔连杆的质量是一个单位，以 3 孔连杆作为砝码，按照表 6-2 中"分组"所示开展实验，将实验结果记录在表中。

表 6-2　天平实验记录表 1

分组	物品	结果
	15 孔连杆	5 个单位
	小号轮胎	___ 个单位
	中号轮胎	___ 个单位

♡ **力臂变化**　使用搭建的天平，将横梁上的轴更换不同的长度，按照表 6-3 中"分组"所示开展实验，仔细观察天平状态，思考分析原因。通过实验找出左右不平衡的情况，将实验结果记录在表中。

表 6-3　天平实验记录表 2

分组	说明	结果	原因分析
	横梁左右长度一致	左右平衡	左侧重力 = 右侧重力 左侧力臂 = 右侧力臂
	横梁左侧长于右侧	左右平衡	左侧重力 < 右侧重力 左侧力臂 > 右侧力臂

拓展创新

1. 任务拓展

托盘天平是现在实验室中最常见的实验仪器之一，比托盘天平历史更悠久的是吊盘天平。两种天平在结构上有所不同，请你将今天的作品改造成如图 6-12 所示的吊盘天平。

图 6-12　吊盘天平

2. 举一反三

亲爱的小创客，你还能运用杠杆原理使用乐高器材搭建出什么样的作品呢？期待看到你更加富有创意的作品哦！提示：图 6-13 所示为投石车。

图 6-13　投石车

第 7 课　惯性溜溜车

在本课中，我们会见到一种推一下就会持续前进一段时间的玩具小车，它就是惯性溜溜车，这是一种依靠惯性持续前进的小车。在本课中，我们一起制作一辆神奇的惯性溜溜车。

扫一扫，看视频

任务发布

(1) 学习惯性小车的结构及原理，学会使用器材搭建有趣的惯性小车。

(2) 学会使用惯性小车探究惯性的性质，了解惯性与质量的关系，学会使用惯性解释生活中的现象。

构思作品

惯性玩具一般装有质量比较大的飞轮，以外力作用于玩具，驱动飞轮高速旋转，积聚能量。当外力作用停止后，玩具可凭借惯性持续运动一段时间。因为惯性玩具大部分依靠摩擦来驱动飞轮旋转，故又称摩擦玩具。惯性玩具的外形以车辆居多。

1. 明确功能

要制作惯性小车，首先要知道它应当具备哪些功能或特征。请将你认为需要达到的目标填写在图 7-1 所示的思维导图中。

图 7-1　构思惯性小车结构

2. 头脑风暴

自动机械手表有些是手动上发条的，而有些必须靠手臂的摆动而自动上弦。能自动上弦的机械手表中都有一个自动锤，在外力的作用下，它围绕中心旋转，带动齿轮组给手表上弦。紧急避险车道是道路上为失控车辆所设置的紧急避险通道，主要作用是消除失控车辆的巨大惯性。如图 7-2 所示，这些设计都和惯性有关。我们在设计惯性小车的时候，有哪些地方需要借鉴？

图 7-2　机械手表和避险车道

3. 知识准备

　　物体保持静止状态或匀速直线运动状态的性质，称为惯性。当作用在物体上的外力为 0 时，惯性表现为物体保持其运动状态不变，即保持静止或匀速直线运动；当作用在物体上的外力不为 0 时，惯性表现为外力改变物体运动状态的难易程度。所以惯性是物体自身的一种属性。如图 7-3 所示，泡沫飞机、旋转拖把和弹弓等物品都是利用物体的惯性。请你找一找惯性在生活中还有哪些应用。

图 7-3　生活中惯性的应用

4. 提出方案

　　通过上面的活动，我们了解到惯性小车就是一个拥有蓄能装置的小车，蓄能装置可以是一个轮胎。当我们推动小车的时候，车轮转动将会带动轮胎转动，一段距离后停止推动小车，轮胎因为惯性作用将继续转动并带动小车向前滑行。如图 7-4 所示，提出惯性小车的初步方案。

图 7-4　初步方案

规划设计

1. 作品规划

　　根据以上方案，可以初步设计出作品的构架，请规划作品所需要的元素，将自己的想法和问题添加到图 7-5 所示的思维导图中。

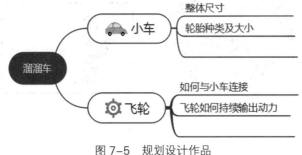

图 7-5　规划设计作品

2. 作品结构

溜溜车由底盘、传动装置和飞轮 3 部分组成。根据图 7-6 所示，你有什么更好的结构方案吗？

飞轮

传动装置

底盘

图 7-6　设计作品结构

3. 实施步骤

对作品的功能、特点及结构进行分析之后，需要考虑的问题就是如何分步来完成作品的制作。如图 7-7 所示，这个作品将被分为 4 个步骤来完成，请思考这 4 个步骤应当如何安排顺序，并用线连一连。

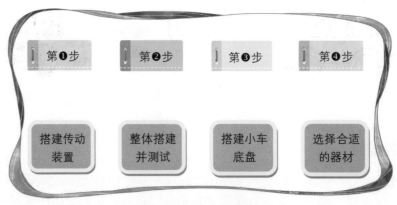

第❶步　第❷步　第❸步　第❹步

搭建传动装置　整体搭建并测试　搭建小车底盘　选择合适的器材

图 7-7　安排实施步骤

💡 任务实施

作品的实施主要分为器材准备、搭建组装和功能检测 3 部分。首先根据作品结构选择合适的器材；然后依次搭建底座支架和横梁，并将其组合；最后测试作品功能，开展实验探究活动。

1. 器材准备

小车的底盘选择梁、板、轴和轴套；传动装置选择孔连杆、齿轮、轴和轴套。此外还有一些连接件，主要器材清单如表 7–1 所示。

表 7–1　**惯性溜溜车器材清单**

名称	形状	名称	形状	名称	形状
梁		孔连杆		板	
轴		各种轴套		各种销	
各种齿轮		套管			

2. 搭建组装

搭建惯性溜溜车时，可以分模块进行。首先搭建溜溜车的底座部分，然后搭建齿轮传动组，最后安装轮胎和飞轮。大家也可以根据自己的想法进行搭建，只要能够实现溜溜车的功能。

01 搭建底座　以 4 根梁作为底座的主体，用板进行连接固定，在底座上安装轴用来固定轮胎，如图 7–8 所示。

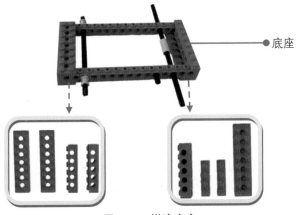

底座

图 7–8　搭建底座

02 搭建传动装置　利用各类齿轮、轴、梁等进行搭建，最终将小车后方两个轮胎的转动传递到顶部飞轮，如图 7–9 所示。

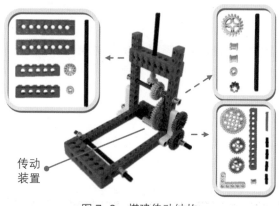

图 7-9　搭建传动结构

03 **整体搭建**　将车底座、传动装置与飞轮进行连接，可以使用各类不同重量的轮胎进行配重，对比不同配重的实验结果，如图 7-10 所示。

图 7-10　整体搭建

思考

　　(1) 惯性溜溜车滑行的距离受哪些因素的影响？你在搭建过程中用了哪些方法让小车的滑行距离增长？

　　(2) 你是如何改变飞轮质量的？除了轮胎，飞轮还可以设计成什么样式？

3. 功能检测

　　惯性溜溜车搭建好了，可以对作品进行相关性能的测试。在测试过程中，把不同情况下由于惯性导致小车的滑行距离进行测量并记录。为了便于操作，可以准备一些 15 孔连杆作为标尺。

♡　**定速滑行**　使用搭建的惯性溜溜车，按照表 7-2 安装不同重量的飞轮，以相同速度推动溜溜车行驶相同的距离后松开，开展实验。用孔连杆作为标尺，测量溜溜车离手后滑行的距离，思考分析原因，将实验结果记录在表 7-2 中。

表 7-2　溜溜车定速滑行实验记录表

飞轮种类	滑行距离	原因分析

♡ **变速滑行**　使用搭建的惯性溜溜车，按照表 7-3 中安装相同重量的飞轮，以不同速度推动溜溜车行驶相同的距离后松开，开展实验。用孔连杆作为标尺，测量溜溜车离手后滑行的距离，思考分析原因，将实验结果记录在表 7-3 中。

表 7-3　溜溜车变速滑行实验记录表

推行速度	滑行距离	原因分析
低速		
中速		
高速		

拓展创新

1. 任务拓展

惯性溜溜车的搭建方法很多，可以选择不同结构的车体配合不同的飞轮来完成作品。如图 7-11 所示，这是一个重心更低、拥有 2 个飞轮的惯性车。请你尝试着改造自己的作品。

图 7-11　飞轮惯性车

2. 举一反三

亲爱的小创客，你还能运用物体的惯性使用乐高器材搭建出什么样的作品呢？期待看到你更加富有创意的作品哦！提示：图 7-12 所示为皮筋枪。

图 7-12　皮筋枪

第3单元

发现机器人动力

前两个单元我们学习了机器人的组成和基础搭建方法，其中动力系统为机器人的运行提供能量。本单元通过搭建、构造具体的机器人结构实例，探究重力势能、风能、弹性势能在解决问题中的具体运用。

本单元选择生活中常见的几个物体，设计了3个活动，分别是风帆小车、皮筋小车和重力时钟。通过看一看、搭一搭、玩一玩，你会发现生活中充满"隐藏的能量"。

 本单元内容

扫一扫，看视频

第 8 课　风帆小车

你听说过靠风行驶的汽车吗？它叫"疾风探险者"号风力汽车，曾成功穿越广袤的澳大利亚大陆，沿途忍受酷热和寒冷天气，全部行程约 5000 千米。值得一提的是，一路上它主要以风力和风筝为驱动力，全程花费极少，真是既时尚又环保。想不想自己制作一个风力驱动的小车？让我们一起试试吧！

任 务 发 布

(1) 了解风帆小车的结构及原理，学会使用器材搭建简易的风帆小车。

(2) 学会使用风力控制风帆小车的前进，通过观察、实验，探究影响风帆小车行进距离的因素。

构思作品

想制作一辆靠风力行驶的小车，并不容易。在构思这个作品时，首先要明确作品的功能与特点，然后提出并思考设计作品中需要解决的问题，并能够提出相应的解决方案。

1. 明确功能

要制作一个风帆小车，首先要知道它应当具备哪些功能或特征。请将你认为需要达到的目标填写在图 8-1 的思维导图中。

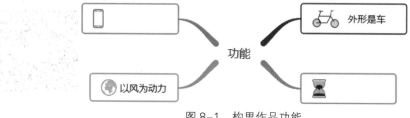

图 8-1　构思作品功能

2. 头脑风暴

生活中有很多靠风力驱动的交通工具，如图 8-2 所示。无论是帆船还是风力自行车，虽然它们的外形不同，但是都有一个可以收集风力的装置。那么，风帆小车是不是可以借鉴这样的设计呢？

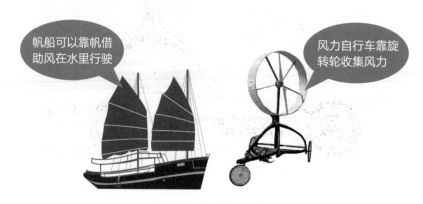

图 8-2　风力交通工具

3. 提出方案

风帆小车可以采用车和帆功能组合的设计方案，就是给小车装上风帆。帆可以收集风能，驱使小车在地面上行驶。请根据表 8-1 的内容，选一选车和帆的设计类型，说说为什么这样选择。

表 8-1　方案构思表

构思	设计类型
车	车的类型： □ 二轮车　　□ 三轮车　　□ 四轮车　　□ 其他：_____
方案 帆	帆的类型： □ 风帆　　□ 旋转轮　　□ 其他：_____

规划设计

1. 作品规划

根据以上方案，可以初步设计出作品的构架，请规划作品所需要的元素，将自己的想法和问题添加到图 8-3 的思维导图中。

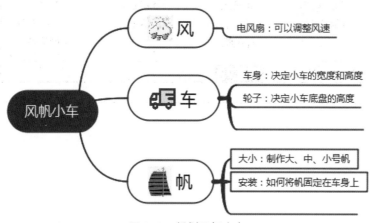

图 8-3　规划风帆小车

2. 作品结构

风帆小车由底盘、车轮和风帆 3 部分组成，如图 8-4 所示。你还有什么更好的结构方案吗？

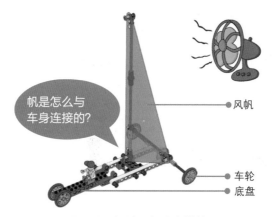

图 8-4　设计风帆小车结构

3. 实施步骤

对作品的功能、特点及结构进行分析之后，需要考虑的问题就是如何分步来完成作品的制作。如图 8-5 所示，这个作品将被分为 4 个步骤来完成，请思考这 4 个步骤应当如何安排顺序，并用线连一连。

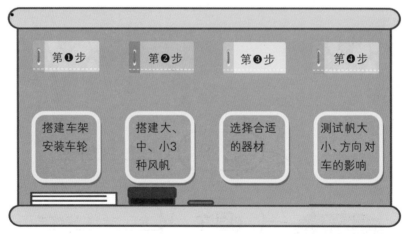

图 8-5 安排实施步骤

任务实施

　　作品的实施主要分为器材准备、搭建组装和功能检测 3 部分。首先根据作品结构选择合适的器材；然后依次搭建车体和风帆，并将其组合；最后使用搭建的作品开展实验探究。

1. 器材准备

　　小车的车架选择梁、孔连杆和连接件，车轮选择滑轮，使用轴与车身连接；风帆可以分别选择 3 种帆叶，通过轴和轴套构建。主要器材清单如表 8-2 所示。

表 8-2　风帆小车零件清单

名称	形状	名称	形状	名称	形状
11 梁		3 梁		2×4 板	
15 孔连杆		2×4 直角连杆		带轴套的销	
十字轴连接器		2# 轴连接器		十字轴交叉块	
24 齿齿轮		滑轮		滑轮轮胎	
轴		2 单位黑色销		轴套	
小号帆 (40cm²)		中号帆 (60cm²)		大号帆 (80cm²)	

2. 搭建组装

　　搭建风帆小车时，可以分模块进行。首先搭建小车的车架，再给小车安装车轮，最后将风帆通过轴和轴连接固定到小车上。也可以根据自己的想法进行搭建。

01 底盘　如图 8-6 所示，利用互锁结构，将 11 梁与 15 孔连杆通过 2×4 直角连杆连接，构建小车的底盘。

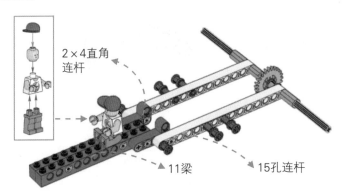

图 8-6　底盘

02 车轮　如图 8-7 所示，先将滑轮装上轮胎，再使用轴将轮子安装到车体上。

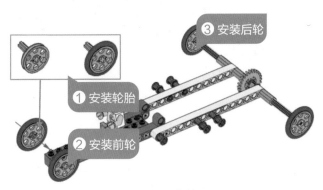

图 8-7　车轮

03 帆桩　将底座与横梁用带轴套的销进行连接，可以使用各种零件进行配重，对比不同配重的实验结果，如图 8-8 所示。

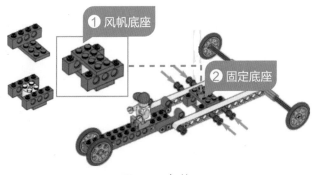

图 8-8　帆桩

04 风帆 如图 8-9 所示,使用轴、十字轴连接器、十字轴交叉块和轴套搭建小号帆。使用相同的方法,选择 60cm², 80cm² 帆叶,搭建中号和大号风帆。

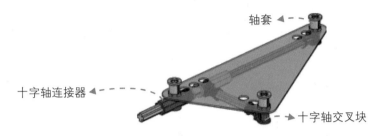

图 8-9 风帆

05 组合 如图 8-10 所示,将搭建好的帆底部的轴固定在小车的帆桩上。

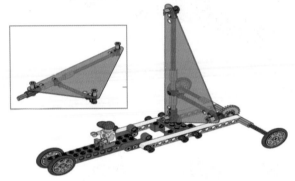

图 8-10 组合底座和风帆

3. 功能检测

风帆小车构建好之后,可以打开风扇测试一下小车能否在风的驱动下前进。通过更换大小不同的风帆和调整帆的角度,开展有趣的科学探究。

♡ **帆的大小与距离** 选择不同型号的帆,先预测小车前进的距离,然后将风扇的风力设定在同一挡位,将小车放置在起始位置,让小车前行。测量小车由起始位置到停止位置的距离,并将结果记录在表 8-3 中,同样大小的帆需测量 3 次。

表 8-3 **帆的大小与距离实验记录表**

分组	观察	我的预测	实际测量的距离 /cm		
			第 1 次	第 2 次	第 3 次
	小号帆 (40cm²)				
	中号帆 (60cm²)				
	大号帆 (80cm²)				

思
考

(1) 小号、中号、大号帆对小车的行驶速度和距离有何影响？你能设计出让小车跑得更远的帆吗？

(2) 哪种帆的小车起初行驶较快？为什么搭载 3 种型号帆的小车在行驶大约 10 秒钟后都停止了？

帆的角度与速度　按图 8–11 中 A、B、C、D 4 个方向，放置风力小车，打开风扇，观察小车，将观察结果记录在表 8–4 中。

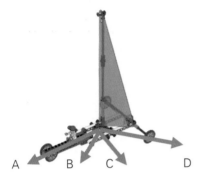 

A　　B　C　　　D

图 8–11　设置风力小车

表 8–4　**帆的方向与速度实验记录表**

分组	风力小车的实际情况			
	停止	快速前进	中速前进	慢速前进
A				
B				
C				
D				

思
考

(1) 通过实验对比，哪个方向的风帆小车速度最快？你能说说其中的道理吗？你能举出类似的生活现象吗？

(2) 通过探究活动，我们得出帆的面积大小和方向都会影响小车前进的速度和距离，你还能找到影响小车前进速度和距离的其他因素吗？

🌐 拓展创新

1. 任务拓展

本课我们利用风能搭建了一个风帆小车，在搭建过程中你遇到了哪些问题，有哪些创新之处，还有哪些需要改进，请在图 8–12 中记录下来。

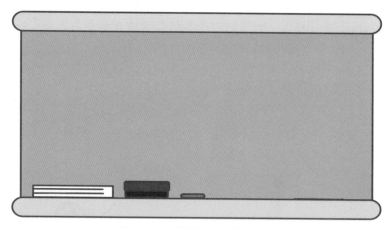

图 8-12　记录任务拓展信息

2. 举一反三

本课利用帆收集风能，实现小车的行进。运用学习的知识，搭建一个四叶"风吸盘车"，如图 8-13 所示。当风扇转动时，风吸盘车的叶片转动，收集风力驱动小车朝风扇前进。

图 8-13　风吸盘车

扫一扫，看视频

第 9 课　皮筋小车

你玩过"铁皮青蛙"吗？对于 20 世纪七八十年代出生的人来说，那可是风靡一时的玩具。绿色的青蛙非常逼真。只要拧紧发条，青蛙就可以在地上跳动好一阵子，样子很可爱，其实它是靠弹力让自己不停跳动的。本次活动中，我们一起来运用类似的弹力，制作一个皮筋小车，让我们一起试试吧！

任务发布

(1) 了解皮筋小车的结构及原理，学会使用器材搭建简单的皮筋小车。

(2) 学会使用弹力控制小车的前进，通过实验探究影响皮筋小车前进距离的因素。

💡 构思作品

制作一辆靠弹力行驶的小车，听起来就很有趣。在构思这个作品时，首先我们要知道怎样才能产生弹力，然后明确作品的功能与特点，思考设计作品中需要解决的问题，并能够提出相应的解决方案。

1. 趣味知识

如图 9-1 所示，小胖子坐在球上，屁股给球一个力，将球压扁了。气球一类的物体，压扁了还可以弹回来，且会给小胖子的屁股一个力，它就是弹力。弓箭、弹弓、蹦床、弹力运动球等都运用了弹力，找一找生活中还有哪些运用弹力的事例。

图 9-1　弹力的应用

2. 明确功能

要制作一个皮筋小车，首先要知道它应当具备哪些功能或特征。请将你认为需要达到的目标填写在图 9-2 的思维导图中。

图 9-2　构思作品功能

3. 头脑风暴

生活中使用弹力的物品有很多，如图 9-3 所示，弹弓有皮筋、箭有弦，只要将它们往后拉，就会产生弹力，松开后就能将子弹和箭发射出去。"一拉一放"便是使用弹力的动作要点，那么皮筋小车是不是可以借鉴这样的设计呢？

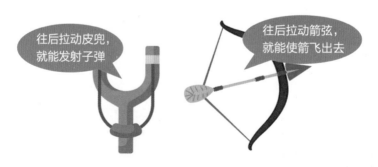

往后拉动皮兜，就能发射子弹

往后拉动箭弦，就能使箭飞出去

图 9-3　产生弹力的动作要领

4. 提出方案

弹力小车可以采用皮筋驱动小车的设计方案，皮筋固定在小车的一端，通过拉动另一端产生弹力，并通过齿轮将弹力传递给驱动轮。在这个方案中，如何让皮筋产生弹力，弹力又怎样传递给驱动轮是核心的问题。请根据表 9-1 的内容，完善你的作品方案。

表 9-1　**方案构思表**

构思	提出问题
○皮筋 驱动 E小车	核心问题： 　(1) 皮筋如何产生弹力？ 　(2) 皮筋如何带动小车的驱动轮？ 想一想：_____ 小车的驱动轮： 　□ 前轮驱动　　□ 后轮驱动

规划设计

1. 作品规划

根据以上方案，可以初步设计出作品的构架，请规划作品所需要的元素，将自己的想法和问题添加到图 9-4 所示的思维导图中。

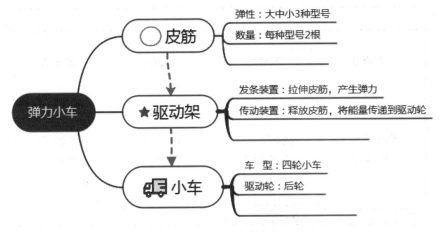

图 9-4　规划弹力小车

2. 作品结构

　　皮筋小车由车体、皮筋和驱动架 3 部分组成，最重要的是驱动架。如图 9-5 所示，发条装置功能是通过拉杆"一拉"，形成弹力；传动装置功能是将拉杆"一放"，通过齿轮将弹力传递到驱动轮。

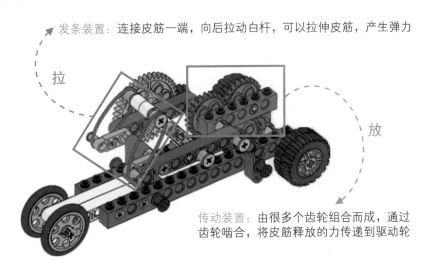

图 9-5　设计皮筋小车结构

3. 实施步骤

　　对作品的功能、特点及结构进行分析之后，需要考虑的问题就是如何分步来完成作品的制作。如图 9-6 所示，这个作品将被分为 4 个步骤来完成，请思考这 4 个步骤应当如何安排顺序，并用线连一连。

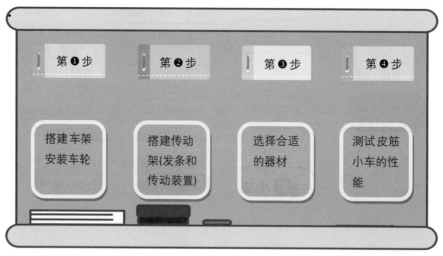

图 9-6　安排实施步骤

任务实施

作品的实施主要分为器材准备、作品搭建和功能测试 3 部分。首先根据作品结构选择合适的器材；然后依次搭建车体和传动架，并将其组合；最后测试作品功能，开展实验探究活动。

1. 器材准备

小车的车架选择梁、孔连杆和连接件，前轮选择滑轮，后轮选择宽轮，使用轴与车身连接；传送架通过梁、轴组合大小不同的齿轮；选择 3 种不同型号的皮筋。主要器材清单如表 9-2 所示。

表 9-2　皮筋小车器材清单

名称	形状	名称	形状	名称	形状
15 梁		5 梁		7 孔连杆	
5 孔连杆		2×4 直角连杆		1×3 摇臂	
1×11.5 弯连杆		十字轴连接器		带轴套的销	
40 齿齿轮		24 齿齿轮		8 齿齿轮	
滑轮		滑轮轮胎		24mm 轮子	

（续表）

名称	形状	名称	形状	名称	形状
3×3 皮筋	◯	4×4 皮筋	◯	5×5 皮筋	◯
轴		轴套		销	

2. 作品搭建

　　搭建皮筋小车时，可以分模块进行。首先是搭建小车的底盘和轮子，然后搭建传动架，最后将传动架与底盘连接起来。大家也可以根据自己的想法进行搭建，只要能够实现皮筋小车的功能。

01 搭建底盘　如图 9-7 所示，将 15 梁与 7 孔连杆连接作为底盘，将齿轮置于 2 根 15 梁之间，使用轴将 2 个齿轮啮合。

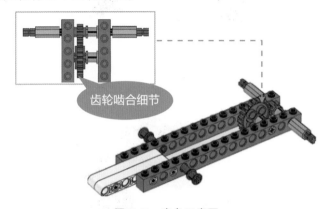

图 9-7　底盘示意图

02 组装轮子　如图 9-8 所示，分别将滑轮和 24mm 轮毂套上轮胎，使用轴将轮子安装到底盘车的前后两侧。滑轮为小车的前轮，24mm 轮子为小车的驱动轮。

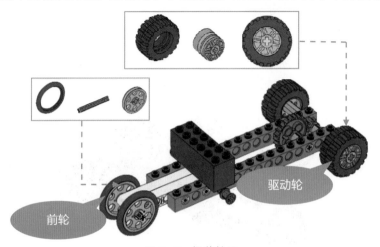

图 9-8　组装轮子

03 **传动架** 按图 9-9 所示，使用弯连杆、2×4 直角连杆、孔连杆和摇臂作为框架，借助轴将连杆、大小不同的齿轮固定在支架中，并使齿轮相互啮合。

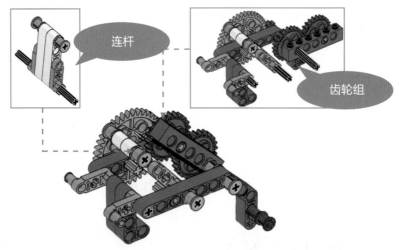

图 9-9　传动结构示意图

04 **组装** 如图 9-10 所示，将传动结构 2×4 直角连杆的底部插入底盘支架的 2 根梁之间，使用带轴套的销将其固定在梁的第 4 个孔中。

图 9-10　组装示意图

05 **安装皮筋** 如图 9-11 所示，选择红色小号皮筋，分别将其固定在横杆的轴套和摇臂上。此时，向后拨动横杆后松开，小车就能向前运动了。

图 9-11　皮筋安装示意图

3. 功能检测

皮筋小车构建好之后，可以拉动发条测试一下小车能否在皮筋的驱动下前进。通过更换大小不同的皮筋和车轮，开展有趣的科学探究。

♡ **弹力与距离**　选择不同型号的皮筋，先预测小车前进的距离，然后将小车放置在起始位置，拉动皮筋让小车前行。测量小车由起始位置到停止位置的距离，并将结果记录在表 9-3 中，同样型号的皮筋需测量 3 次。

表 9-3　弹力与距离实验记录表

分组	型号	我的预测	实际测量的距离 /cm		
			第 1 次	第 2 次	第 3 次
⬭	小号 3×3				
⬭	中号 4×4				
⬭	大号 5×5				

思考

(1) 通过实验观察和测试记录，你能得出什么结论？哪种型号的皮筋可以让小车跑得最远？

(2) 仔细观察，皮筋的弹力是如何驱使小车前进的，是什么结构在运动过程中起到连接和传递力的作用？

♡ **车轮与距离**　选择相同型号的皮筋，给小车换上不同型号的车轮。然后将小车放置在起始位置，拉动皮筋让小车前行。测量小车由起始位置到停止位置的距离，并将结果记录在表 9-4 中，同样型号的皮筋需测量 3 次。

表 9-4　**车轮与距离实验记录表**

分组	型号	我的预测	实际测量的距离 /cm		
			第 1 次	第 2 次	第 3 次
	24mm				
	34mm				

思考

(1) 将 24mm 的轮子换成 34mm 的轮子，小车结构的哪些部分需要做相应的调整，你是如何处理的？

(2) 通过实验探究和测试记录，哪一种型号的车轮可以让小车跑得更远，你知道其中的道理吗？

 拓展创新

1. 任务拓展

通过搭建和实验探究，我们知道通过更换皮筋和车轮可以控制小车前进的距离。开动你的脑筋，使用相同的皮筋和齿轮，通过改进小车的结构，怎样能让小车跑得更远？注意图 9-12 所给的提示。

图 9-12 拓展任务提示

2. 举一反三

亲爱的小创客，你还能运用弹力使用乐高器材搭建出什么样的作品呢？期待看到你更加富有创意的作品哦！提示：图 9-13 所示为皮筋弓箭和皮筋手枪。

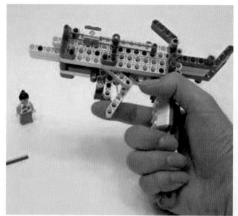

图 9-13 皮筋弓箭和皮筋手枪

第 10 课　重力时钟

扫一扫，看视频

　　故事是这样的，话说兔子和乌龟赛跑，兔子输了不服气，要和乌龟再比试一次，这次它们比试的项目是短跑。如果你是裁判，你会选择什么工具为它们记录比赛成绩呢？对了，闹钟、秒表、沙漏都是不错的选择，可是野外这些统统没有，想过自己制作一个靠重力驱动的时钟吗？听上去是不是很酷，让我们一起试试吧！

任 务 发 布

　　(1) 了解重力时钟的结构及原理，学会使用器材搭建简单的重力时钟。

　　(2) 学会使用重力控制时钟的运动，通过实验探究，掌握通过改变钟摆控制时钟快慢的方法。

构思作品

　　地球上的物体都有重力，用重力来作为时钟驱动力，比较容易实现，本课我们就来完成重力时钟的制作。在构思这个作品时，首先我们要知道怎样才能产生重力，然后明确作品的功能与特点，思考设计作品中需要解决的问题，并能够提出相应的解决方案。

1. 趣味知识

　　如图 10-1 所示，果实成熟了，会从树上落到地面；开车时，遇到下坡路，即使不踩油门，车辆也能自己滑行，这些都是重力作用。找一找生活中还有哪些重力现象，判断图中对于重力的特征描述是否正确，哪些特征对于重力时钟的设计有帮助？

图 10-1　生活中的重力现象

2. 明确功能

要制作一个重力时钟，首先要知道它应当具备哪些功能或特征。请将你认为需要达到的目标填写在图 10-2 所示的思维导图中。

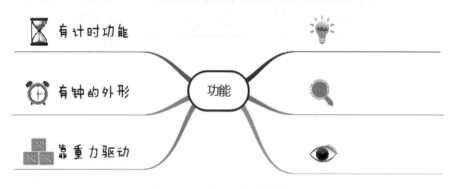

图 10-2　构思重力时钟功能

3. 头脑风暴

图 10-3(左) 所示，摆钟是生活中最常见的计时工具之一，它由盘面、指针和钟摆组成。通过读指针可以记录时间，一般时钟是通过电池驱动的。而图 10-3(右) 所示，使用滑轮提重物，如果不许拉绳子想把重物提起来，就需要在绳子一端栓上更重的物体，就像天平一样。大胆地想象一下，摆钟与滑轮两者丝毫没有关系的物体，能不能结合在一起碰撞出创意的火花呢？

4. 提出方案

重力时钟可以采用重力块驱动摆钟的设计方案，作品的外形、功能可以设计成摆钟的样式，只是将电池驱动改为重力驱动。在这个方案中，如何产生重力？产生的重力如何驱动摆钟的钟摆左右摆动？如何控制钟摆左右滴答摆动？这些都是核心的问题。请选择相应的序号，让表 10-1 中的问题与策略一一对应，完善你的作品方案。

图 10-3　滑轮与摆钟建立联系

表 10-1　**方案构思表**

构思	问题	策略
重力	如何产生重力？	①在传动结构中设计限位装置
驱动	产生的重力如何驱动钟摆和钟面指针运动？	②设计传动结构，前端连接滑轮、后端连接时钟运动部件
摆钟	如何控制钟摆左右来回摆动？	③使用滑轮控制重力块从上往下自由下落
更好的想法		

规划设计

1. 作品规划

根据以上方案，可以初步设计出作品的构架，请规划作品所需要的元素，将自己的想法和问题添加到图 10-4 所示的思维导图中。

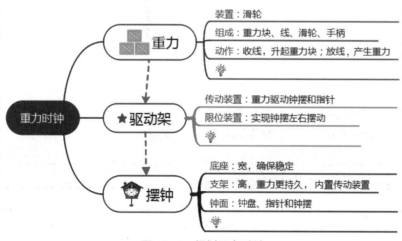

图 10-4　规划重力时钟

2. 作品结构

如图 10-5 所示，重力时钟后端是滑轮结构，目的是产生重力；中间是传动结构，是将重力通过齿轮组传递给钟盘指针和钟摆；前端是钟面，钟摆可以左右摆动，通过读取钟盘指针的位置来记录时间。

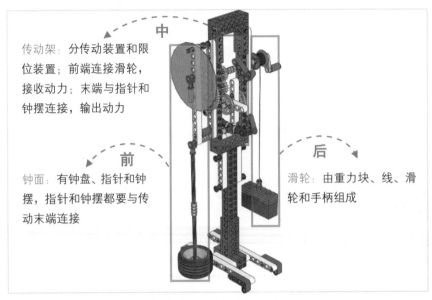

中

传动架：分传动装置和限位装置；前端连接滑轮，接收动力；末端与指针和钟摆连接，输出动力

前

钟面：有钟盘、指针和钟摆，指针和钟摆都要与传动末端连接

后

滑轮：由重力块、线、滑轮和手柄组成

图 10-5 设计重力时钟结构

3. 实施步骤

对作品的功能、特点及结构进行分析之后，需要考虑的问题就是如何分步来完成作品的制作。如图 10-6 所示，这个作品将被分为 4 个步骤来完成，请思考这 4 个步骤应当如何安排绘制顺序，并用线连一连。

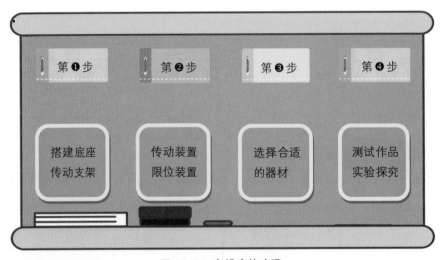

第❶步	第❷步	第❸步	第❹步
搭建底座传动支架	传动装置限位装置	选择合适的器材	测试作品实验探究

图 10-6 安排实施步骤

任务实施

作品的实施主要分为器材准备、作品搭建和功能检测 3 部分。首先根据作品结构选择合适的器材；然后依次搭建底座和传动架，并将其组合；最后测试作品功能，开展实验探究活动。

1. 器材准备

时钟的底座、支架选择梁；传送架通过孔连杆、轴组合大小不同的齿轮，并用双轴孔连接器制作限位装置；钟面选择圆形面板、轴和轮子；滑轮结构选择重力块、线、滑轮和摇臂；此外还有一些连接件。主要器材清单如表 10-2 所示。

表 10-2　重力时钟器材清单

名称	形状	名称	形状	名称	形状
15 梁		3 梁		1 梁	
15 孔连杆		9 孔连杆		7 孔连杆	
5 孔连杆		2×4 直角连杆		双轴孔连接器	
2×8 板		1×4 板		1×2 板	
3# 轴连接器		十字轴连接器		开口栓连接器	
40 齿齿轮		16 齿齿轮		8 齿齿轮	
滑轮		34mm 轮子		24mm 轮子	
线		滑轮		1×3 摇臂	
圆形面板		重力块		带轴套的销	
轴		各种轴套		各种销	

2. 作品搭建

　　搭建重力时钟时,可以分模块进行。首先是搭建时钟的底座支架,然后搭建传动架 (传动装置和限位装置),最后将底座支架和传动部分连接起来。大家也可以根据自己的想法进行搭建,只要能实现重力时钟的功能即可。

01 底座和支架　如图 10-7 所示,利用互锁结构,将长梁锁定作为支架,用孔连杆搭建底盘,使用 4 个直角连杆作为时钟的 4 条腿。

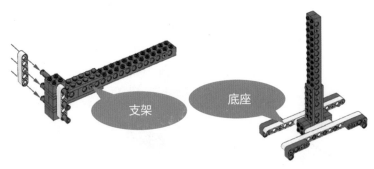

图 10-7　底座和支架

02 传动装置　按图 10-8 所示,在 15 孔连杆上安装齿轮,搭建传动架。

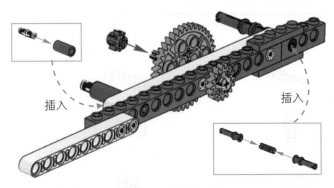

图 10-8　搭建传动架

03 限位装置　按图 10-9 所示,使用轴、孔连杆、十字轴连接器等搭建限位装置,用来控制钟摆摆动的频率。

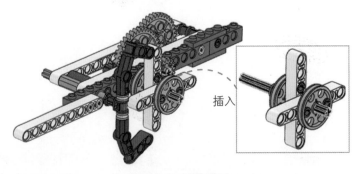

图 10-9　限位装置

04 滑轮装置　如图 10–10 所示，使用重力块、板搭建配重砝码，使用带轴套的销与线连接，将线绕到滑轮上，并将滑轮安装到传动架上。

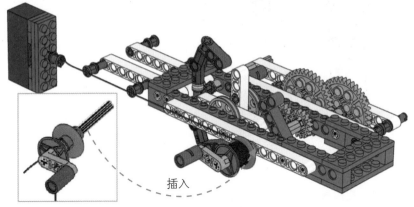

插入

图 10–10　滑轮装置

05 组合　如图 10–11 所示，构造钟面和表盘，使用长轴连接轮毂搭建钟摆，将底部支架和传动架使用带轴套的销固定连接。

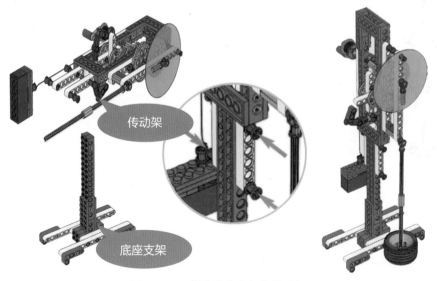

传动架

底座支架

图 10–11　组合底座支架和传动架

3. 功能检测

重力小车构建好之后，可以将重力块从上段放下来测试时钟的效果。重力块缓缓下降，带动指针转动，通过读取指针位置可以记录时间。此外通过改变重力块和钟摆锤的大小，还可以调整盘面指针转动的速度，从而达到校时的目的。

♡　**质量与重力**　分类使用 1 个重力块和 2 个重力块，记录指针在钟面上转一周要多少秒。通过实验比较，说说重力大小和物体重量的关系，在图 10–12 中将结论写下来。

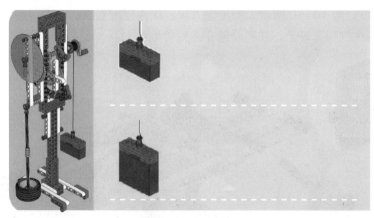

图 10-12　记录结果

♡　**钟摆与速度**　按照表 10-3 中"分组"所示开展实验，看如何让时间长些或者短些。
先预测，思考分析原因，将实验结果记录在表中。

表 10-3　**钟摆与速度实验记录表**

分组	观察	预测 / 秒	测量 / 秒
	确保大轮子处于最低的位置。指针在钟面上转一周要多少秒？		
	把大轮子滑到轴的高处。指针在钟面上转一周要多少秒？		
	把钟摆换成小轮子，指针在钟面上转一周要多少秒？		

拓展创新

1. 任务拓展

本课我们使用重力搭建了一个时钟，请说一说在搭建过程中存在的问题，你是如何做到指针转动一圈正好是 1 分钟的？

2. 举一反三

你能将你的重力时钟改造成如图 10-13 所示的长摆钟吗？将长摆钟放在桌子的边缘，抓住底座，让时钟稳定住，看看有什么新的发现。

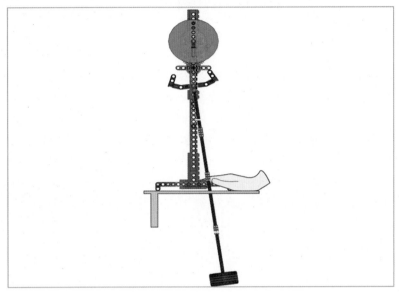

图 10-13 长摆钟效果图

第 4 单元

机器人机械传动

　　本单元以生活中常见的、有趣的事物为主要探索案例，和大家一起去做一做，玩一玩，了解常见的机器人机械传动方式。

　　本单元从不同的传动形式入手，设计了 6 个活动。通过自己动手完成活动，从而理解齿轮、履带、皮带等传动方式。大家可以尝试借鉴这些结构，自主设计出有趣的物品，更好地使用不同传动方式来解决可能遇到的问题。

本单元内容

扫一扫，看视频

第 11 课　手摇风扇呼呼转

炎炎夏日，人们会借助风扇作为降温工具，帮助我们赶走炎热。风扇的种类很多，有蒲扇、折扇、电动风扇。你用过手摇风扇吗？它时尚小巧，携带方便。本课中我们将制作手摇小风扇，让它呼呼转起来吧！

任 务 发 布

(1) 了解手摇风扇的结构、材料及搭建步骤，了解齿轮的啮合及传动的原理。

(2) 尝试把这样的结构用在生活中的其他地方，让我们的生活变得更美好。

构思作品

手摇风扇的操作比较简单，当摇动手柄的时候，风扇就能呼呼地转起来。我们转动手柄时产生的力是怎样转换为使扇叶呼呼转动的驱动力的呢？一起来研究一下吧。

1. 明确功能

在设计之前，我们需要思考的问题是，手摇风扇应该搭建简单，轻轻用力扇叶就呼呼地转动。请根据手摇风扇从"手摇"至"吹出风"的发生顺序，选择适当的词语按顺序填写，如图 11-1 所示。

图 11-1　填写功能

2. 生活启示

齿轮的传动一般是以齿轮组的形式呈现的，它是一种非常典型的机械结构。生活中有很多地方都用到了齿轮组的传动来解决问题，如图 11-2 所示的机械表、变速自行车等。请你找一找齿轮传动在生活中还有哪些应用。

图 11-2　齿轮的应用

3. 知识预备

如图 11-3 所示，搭出 A、B、C 3 种齿轮传动结构。分别摇动曲柄，试试哪一种结构能够实现"轻轻摇、快快转"的效果，适合作为手摇风扇的传动结构。

图 11-3　齿轮测试

规划设计

1. 作品规划

手摇风扇主要由底座、支架、齿轮、扇叶和手柄组成，如表 11-1 所示，请根据表中搭建的顺序和要求，填一填你的搭建思路。

表 11-1　搭建规划

搭建顺序	要求	搭建思路
底座	稳定，支撑风扇的稳定	
支架	高度不宜过矮，便于扇叶的搭建	
齿轮	通过几个齿轮的啮合，把手柄和扇叶分开	
扇叶	轻薄、有宽度	
手柄	方便手摇	

2. 作品结构

手摇风扇由表 11-1 中的几部分组成，通过转动手柄，扇叶就会跟着转起来，如图 11-4 所示。

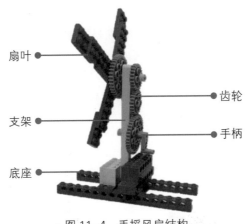

扇叶

支架

底座

齿轮

手柄

图 11-4　手摇风扇结构

任务实施

学习了齿轮传动的原理之后，大家可以先对照图 11-4 交流一下可能用到的器材，然后根据搭建的顺序、要求和思路进行搭建，所需的器材如表 11-2 所示。

1. 器材准备

表 11-2　手摇风扇需要的器材清单

名称	形状	名称	形状
2×4 板		5 梁	
2×6 板		15 梁	
2×8 板		24 齿齿轮	
7 梁		48 齿齿轮	
半轴套		2 单位黑色销	
曲柄		2 单位黄色销	
15 孔连杆		3 单位轴	
5 单位轴			

2.搭建组装

搭建手摇风扇时，可以分模块进行。首先是搭建手摇风扇的底座和支架；然后安装齿轮；最后搭建扇叶和手柄。大家也可以根据自己的想法进行搭建，只要能够让手柄驱动风扇转起来就行。

01 搭建底座和支架 使用 15 梁、5 梁、7 梁和板搭建好底座，注意在 5 梁和 7 梁之间是两层板叠加相连，这样才能留出孔连杆安装的位置，如图 11-5 所示。

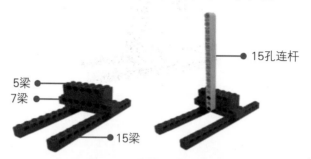

图 11-5　搭建底座和支架

02 安装齿轮 结合齿轮的大小，在孔连杆适当的孔位安装相应的齿轮，并自上而下安装 5 单位轴、3 单位轴、轴套等，帮助齿轮啮合，如图 11-6 所示。

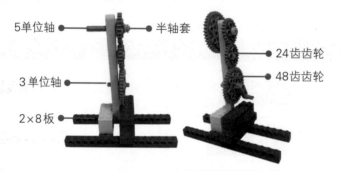

图 11-6　安装齿轮

03 构造扇叶 将 2×4 板和 2×6 板搭在一起，再把组合过后的扇叶装到齿轮对应的位置，最后用 2×8 板装在中心位置，连接扇叶，如图 11-7 所示。

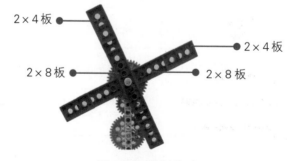

图 11-7　构造扇叶

04 整体搭建　手摇风扇的整体效果如图 11-8 所示，用手转动曲柄，测试风扇，可以使用轴套对风扇进行加固。

图 11-8　整体搭建

> **思考**　(1) 你的风扇和别人的风扇旋转速度一样吗？你会怎样选择你的齿轮组？
>
> 　　(2) 为什么我们玩的手摇风扇大部分手柄方向在侧面？这种样式有哪些优点？

拓展创新

1. 齿轮研究

如表 11-3 所示，有一组齿轮，如果将曲柄转动 1 圈，1 号、2 号和 3 号齿轮分别转了几圈？请你自己探究，动手实验，并将结果记录在表格中。

表 11-3　齿轮实验记录表

手摇风扇	齿轮	转动圈数	原因分析
3号　2号　1号	1 号		
	2 号		
	3 号		

2. 拓展创新

结合本课所学的齿轮知识想一想，能不能让风扇转得再快一点？可以先画一画，再搭一搭，与同伴交流分享你的收获，在图 11-9 中记录下来。

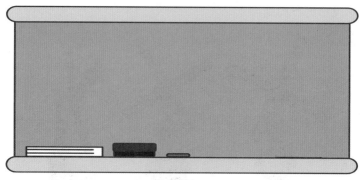

图 11-9　拓展内容

3. 举一反三

　　齿轮传动在我们的生活中有着广泛的应用。图 11-10 所示是一辆齿轮传动的小车。你可以照样子搭一搭，体会齿轮的应用，或者也可以运用所学的齿轮传动原理搭一搭其他事物。

图 11-10　齿轮传动小车

第 12 课　简易战车越障碍

扫一扫，看视频

　　我们经常能够在电视上看到履带战车、坦克轻松越过障碍的画面。它们之所以能爬陡坡、越宽壕、涉深水、穿沼泽、过田野，驰骋战场无所阻挡，是因为它们有两条特殊的履带，人们常称之为"无限轨道"或"自带的路"。

任务发布

(1) 了解履带的相关特征，学习积木履带传动的搭建，并思考履带是怎样帮助战车前进的？

(2) 结合自己搭建的简易战车玩一玩，尝试做一些履带的改进，进一步提高战车越障能力。

构思作品

履带传动是坦克战车和工程机械上常见的传动结构，让我们一起来搭建一辆履带传动的战车，看看它是怎样轻松穿越障碍的。

1. 功能探究

如图 12-1 所示，请你结合自己了解到的知识，填一填对应位置的内容，全面了解一下陆战之王——坦克。

图 12-1　坦克探究

2. 知识梳理

根据表 12-1 所示的不同地形，判断坦克、越野车、小汽车能否顺利通过，并思考为什么会有这样的结果。

表 12-1　不同车型的道路通过性判断

路况			
	是否能顺利通过 □是　　　□否	是否能顺利通过 □是　　　□否	是否能顺利通过 □是　　　□否
	是否能顺利通过 □是　　　□否	是否能顺利通过 □是　　　□否	是否能顺利通过 □是　　　□否
	是否能顺利通过 □是　　　□否	是否能顺利通过 □是　　　□否	是否能顺利通过 □是　　　□否
	是否能顺利通过 □是　　　□否	是否能顺利通过 □是　　　□否	是否能顺利通过 □是　　　□否

3. 知识预备

如图 12-2 所示，当电机带动驱动轮转动时，驱动轮上的轮齿和履带链之间啮合，连续不断地把履带从后方卷起，借助给地面一个向后的作用力，产生推动坦克向前行驶的驱动力。

从动轮

履带

驱动轮

图 12-2　履带传动示意图

🪧 规划设计

1. 作品规划

简易战车主要由车体、履带、炮塔和底盘组成，请根据表12-2中搭建的顺序和要求，填一填你的搭建思路。

表 12-2　搭建规划

搭建顺序	要求	搭建思路
车体	稳定、结实	
底盘	稳定，动力输出稳定	
履带	松紧适中、牢固	
炮塔	美观、简约	

2. 作品结构

简易战车结构如图 12-3 所示，用乐高积木搭出对应的结构，完成后通过电池盒给电机供电，电机就会驱动主动轮转动。

图 12-3　简易战车结构

任务实施

学习了履带传动的原理之后，是不是想要一试身手了？如表 12-3 所示，已经为大家列出了搭建所需的器材和数量，赶紧动起来吧！

1. 器材准备

表 12-3　简易战车需要的器材清单

名称	形状	名称	形状	名称	形状
电池盒		轴套		电机	
15 孔连杆		链齿轮		T 型连杆	
15 梁		8 齿齿轮		24 齿齿轮	

（续表）

名称	形状	名称	形状	名称	形状
11 梁		6 单位轴		5 梁	
1 梁		7 单位轴		3 单位蓝色销	
3×5 直角连杆		8 单位轴		2×4 直角连杆	
2 单位黑色销		3 单位轴		套管	
2×8 板		3 梁		轴销	
2×6 板		半轴套		履带片	
蜗轮		轮毂			

2. 搭建组装

搭建简易战车时，可以分模块进行。首先搭建简易战车的中间车体；其次安装底盘和履带；最后搭建简易战车的炮塔，连接电池盒测试。

01 **搭建中间车体**　如图 12-4 所示，围绕着电池盒，选择相应的销、梁和板，搭出图右侧所示的中间车体。

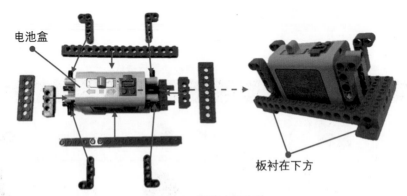

电池盒

板衬在下方

图 12-4　搭建中间车体

02 **组装驱动模块**　先找出电机，再找出对应数量的轴套、半轴套、链齿轮和 8 单位轴等零件，如图 12-5 所示，一一扣紧，搭建完成驱动模块。

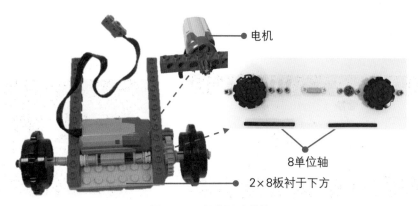

图 12-5　组装驱动模块

03 **组装车体与驱动模块**　先把驱动模块扣在车体两边多出来的板凸点上，具体位置如图 12-6 所示，再用 2 块 2×8 板扣在梁上，将 2 个部件连接结实。

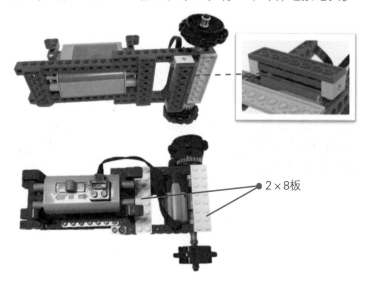

图 12-6　组装车体与驱动模块

04 **组装从动轮**　使用销、轴套、链齿轮和 8 单位轴搭建出简易战车的从动轮，如图 12-7 所示。

图 12-7　组装从动轮

05 组装履带 如图 12-8 所示，首先把履带片一片一片依次连接好，然后再安装到战车上。

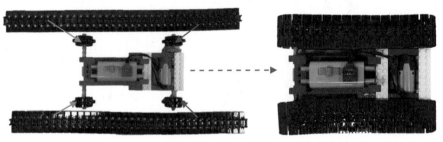

图 12-8 组装履带

06 搭建火炮及装甲 如图 12-9 所示，用 4 根长梁和图 12-9 右侧所示零件，搭建完成火炮和装甲，火炮的长销插在电池盒上方的孔里即可，这样我们的简易战车就搭好了。

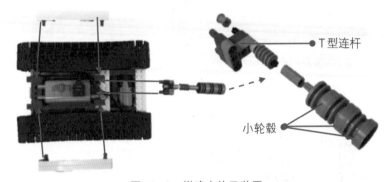

图 12-9 搭建火炮及装甲

思考

　　(1) 请你测试一下，你搭的简易战车能越过障碍吗？通过障碍的稳定性如何，为什么？

　　(2) 如果在战车的履带上再加上一些红色胶垫，简易战车通过障碍的时候有什么不一样？

拓展创新

1. 任务拓展

　　本课我们学习了履带传动，搭建了一辆简易战车，它的炮台是模块化的，你可以做出哪些改变？如图 12-10 所示的功能拓展示意图，你还能赋予它怎样的功能呢？赶紧动手试试吧！

　　　　　　　　　　　　● 无人机

　　　　　　　　　　　　● 通信天线

　　　　　　　　　　　　● 激光炮

图 12-10　多功能战车

2. 举一反三

　　履带传动的底盘既稳定又能适应各种地形，除了我们熟悉的推土机、坦克、装甲车以外，履带传动还可以帮助我们做出有特殊功能的机器人，如图 12-11 所示。聪明的你赶紧想一想，搭出你心中的机器人吧！

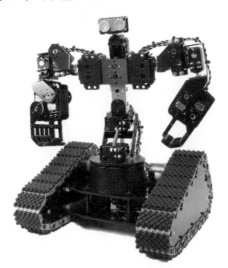

图 12-11　履带机器人

第 13 课　皮带传动运货忙

　　如果我们走进工厂或者物流集散中心，经常能看到皮带运输货物的情形。通过皮带传动，帮助人们在一定的区域里转移物品。本课让我们一起来研究皮带传动，去体验一下工人叔叔和快递小哥的工作吧！

扫一扫，看视频

任 务 发 布

(1) 了解皮带传动的基本工作原理，掌握皮带传动运输物体的基本特征。

(2) 尝试自己搭建一个简易皮带传动装置，体会皮带传动与其他传动的区别。

构思作品

皮带传动机的构成比较直观，电机驱动皮带轮，通过皮带轮的转动，带动皮带运动，从而达到皮带传动的效果。如何搭建这样一个皮带传送机呢？

1. 知识预备

皮带驱动的滑轮有一个连续的皮带连接 2 个轮子。主动轮转动时，皮带跟着运动，使从动轮也朝相同的方向转动，如图 13-1 所示。

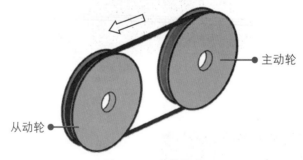

主动轮

从动轮

图 13-1　皮带传动

2. 功能探究

皮带传动过程中，可能会产生如表 13-1 左侧出现的情形。请你对照该表，动手实验一下。在实验过程中可以尝试捏住指针转动皮带，观察并记录不同的实验结果，并将表补充完整。

表 13-1　皮带传动实验表

实验条件	实验结论
指针	
指针	
指针	

3. 生活启示

皮带传动是生活中常见的传动方式之一，应用非常广泛，比如部分高端自行车、摩托车、跑步机、机场的行李传送机等，如图 13-2 所示。请你再找找，写在下面横线上和小伙伴们分享吧！

图 13-2　皮带传动应用

找一找

规划设计

1. 作品规划

皮带传动机主要由底座、皮带、皮带轮和动力模块组成，如表 13-2 所示，请根据表中搭建的顺序和要求，填一填你的搭建思路。

表 13-2　搭建规划

搭建顺序	要求	搭建思路
底座	结构稳定，支撑有力	
皮带轮	大小合适，转动灵活	
皮带	松紧适中，传动顺畅	
动力模块	搭建科学，运转正常	

2. 作品结构

如图 13-3 所示，皮带传动机一般由皮带、皮带轮、电机等零件组成，通过电池盒驱动电机，皮带随着皮带轮的转动就动起来了。

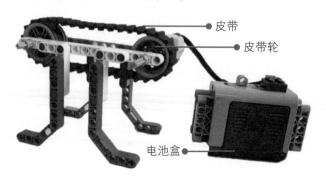

图 13-3　皮带传动机结构

🔅 任务实施

学习了皮带传动的相关知识后，可以根据搭建的顺序、要求和思路进行搭建，所需的器材如表 13-3 所示。

1. 器材准备

表 13-3　皮带传动机需要的器材清单

名称	形状	名称	形状
电池盒		电机	
15 孔连杆		双弯连杆	
3×5 直角连杆		9 单位轴	
半轴套		轴套	

（续表）

名称	形状	名称	形状
2 单位黑色销		轮毂	
皮带			

2. 搭建组装

搭建皮带传动机时，可以分模块进行。首先搭建它的皮带轮；然后安装皮带，搭建支架；最后装上电机部分。大家也可以根据自己的想法，对皮带传送机的设计进行适当的修改。

01 **搭建皮带轮**　用轮毂、轴套、半轴套等零件搭建，注意轮毂的凹部补充套入一个轴套，如图 13-4 所示。

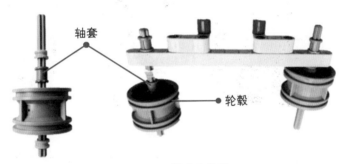

图 13-4　搭建皮带轮

02 **安装皮带**　在安装皮带时，先将皮带装在轮毂上，然后再整体套在轴上，用 15 孔连杆协助确定位置，如图 13-5 所示。

图 13-5　安装皮带

03 **搭建支架**　使用双弯连杆和 3×5 直角连杆在皮带机的两边搭出支架，如图 13-6 所示。

04 **安装电机**　使用销将电机固定在支架上，如图 13-7 所示。

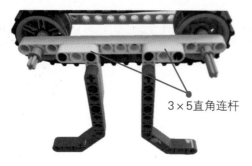

3×5直角连杆

图 13-6　搭建支架

9单位轴

电机

图 13-7　安装电机

05　**整体搭建**　把上面搭建的几部分如图 13-8 所示组合在一起，打开电池盒的开关，测试一下吧！

图 13-8　整体搭建

思考

　　(1) 一些高端自行车选择了皮带传动，选择这种传动有什么好处？请你结合所学想一想，和小伙伴们分享一下。

　　(2) 我们通过实验发现，皮带传动自身有很多优点，那么它有没有什么不足之处呢，在哪些方面存在不足？

拓展创新

1. 任务拓展

　　通过本课的搭建和研究，我们对皮带传动有了一定的认识。聪明的你能否利用蜗轮蜗杆机构，或齿轮组机构，让我们本课搭建的皮带机低速、更稳定地运行起来？自己试一试，和小伙伴分享一下你的收获，并把它写下来吧！在图 13-9 中记录下来。

图 13-9　记录拓展内容

2. 举一反三

图 13-10 是一个电动机械手，请你照样子搭一搭，搭完后接通电池盒测试一下。想一想，为什么这里要用到皮带传动，它的好处有哪些？

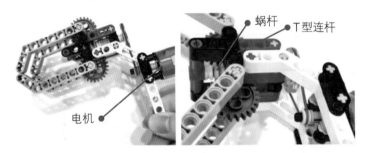

蜗杆　T型连杆

电机

图 13-10　电动机械手

第 14 课　机器人开心舞蹈

扫一扫，看视频

大家还记得在中央电视台春节联欢晚会上看到的跳舞机器人吗？它们跟着音乐节奏手舞足蹈，让我们眼前一亮！本课我们就一起来利用连杆机构制作一个简易的舞蹈机器人吧！

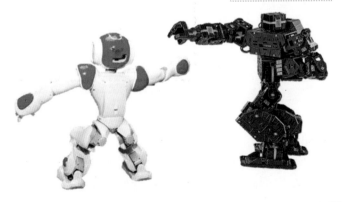

（1）了解曲柄连杆机构的基本原理，利用器材能够搭建出简易的曲柄连杆机构。

（2）在实验和案例搭建过程中掌握基础的曲柄连杆机构，并能运用该原理来解释一些生活中遇到的现象。

构思作品

所谓跳舞机器人，首先它要具备人形，另外还要能够手舞足蹈地运动起来。想一想，怎样的设计可以让机器人跳起来。

1. 明确功能

要制作一个跳舞机器人，首先要知道它应当具备哪些功能或特征。请将你所设想的画出来，并标出它的运动部位有哪些，如图 14-1 所示。

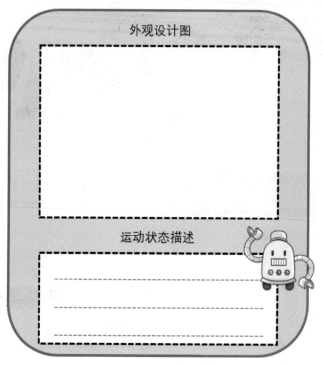

外观设计图

运动状态描述

图 14-1　明确功能

2. 知识预备

曲柄连杆机构是机器人跳舞的基本机构，如图 14-2 所示。当转动曲柄时，摇杆被连杆的一端拉动，随着曲柄的转动做往复运动，这就是曲柄连杆机构的基本运动特征。

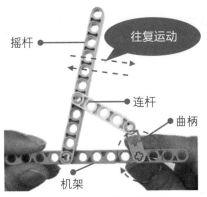

图 14-2　曲柄连杆机构

3. 头脑风暴

连杆机构是非常常见的机械传动机构。我们生活中有很多地方都用连杆机构的传动来解决问题，如蒸汽火车、订书机的开合、汽车的雨刮器等，如图 14-3 所示。请你找一找，连杆机构在生活中还有哪些应用。

图 14-3　连杆的应用

找一找 _____

_____

_____

规划设计

1. 作品规划

跳舞机器人主要由电池盒底座、身体、驱动电机和连杆机构组成，如表 14-1 所示，请根据表中搭建的顺序和要求，填一填你的搭建思路。

表 14-1　搭建规划

搭建顺序	要求	搭建思路
电池盒底座	稳定，以支撑机器人的稳定	
身体	科学的身体结构，腿部和腰部的连接处能够活动	
驱动电机	稳定地和电池盒连在一起，方便转动	
连杆机构	灵活地连接电机齿轮和其中的一条腿	

2. 作品结构

跳舞机器人由电池盒底座、身体、头部齿轮和连杆 4 部分组成，如图 14-4 所示。通过电机驱动，让机器人跳起舞来。

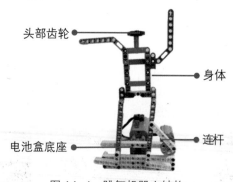

图 14-4　跳舞机器人结构

☼ 任务实施

学习了连杆结构的原理之后，可以根据搭建的顺序、要求和思路进行搭建，所需的器材如表 14-2 所示。

1. 器材准备

表 14-2　跳舞机器人需要的器材清单

名称	形状	名称	形状
电池盒		电机	
双连接销		双弯连杆	
框架		13 孔连杆	
15 孔连杆		T 型连杆	

（续表）

名称	形状	名称	形状
半轴套		2 单位黑色销	
3×5 直角连杆		轴销	
3 单位蓝色销		3 单位轴	
双轴孔连轴器		3 单位黄色销	
套管		2 单位轮轴	
7 孔连杆		5 孔连杆	
24 齿齿轮		6 孔滑轮	
1.5 单位销			

2. 搭建组装

　　搭建跳舞机器人时，可以分模块进行。首先搭建跳舞机器人的电池底座，然后搭建它的身体部分，最后搭建驱动电机和连杆。大家也可以根据自己的想法搭建它的身体，但是要保证腿部和腰部能够灵活摆动。

01 搭建电池底座　用 15 孔连杆、双连接销、直角连杆等进行搭建，如图 14-5 所示。注意电机用黑色销固定在 15 孔连杆上。

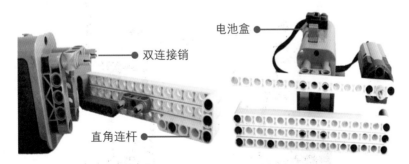

图 14-5　搭建电池底座

02 搭建腿部　如图 14-6 所示，用 T 型连杆、直角连杆、黄色销等零件搭建出跳舞机器人的腿部。

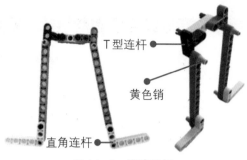

图 14-6　搭建腿部

03 搭建上身　如图 14-7 所示，使用框架、双弯连杆、齿轮等零件搭建出跳舞机器人的身体和头部。

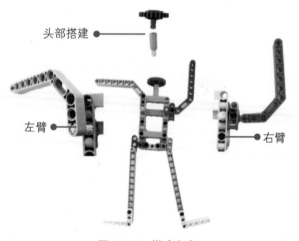

图 14-7　搭建上身

04 整体搭建　将电机部分和跳舞的人形部分连接在一起，如图 14-8 所示，打开电池盒电源，测试跳舞机器人的舞蹈动作。

图 14-8　整体搭建

思考

(1) 你搭建的跳舞机器人扭动的舞姿和别人的一样吗？怎样调整连杆的连接点，让"舞姿"不一样？

(2) 我们在视频里看到的跳舞机器人是怎样跳起舞来的？他们也是连杆机构吗？

拓展创新

1. 任务拓展

能不能再增加一个电机，或者用其他连杆机构，实现手舞足蹈。聪明的你能想办法实现吗？在图 14-9 中写一写。

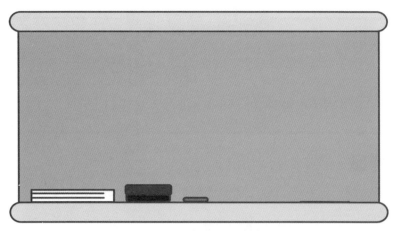

图 14-9　任务拓展计划

2. 举一反三

学习了连杆运动中的曲柄连杆运动，你能不能运用连杆机构和齿轮，搭建出一个可以行走的步行机器人呢？如图 14-10 所示。

图 14-10　步行机器人

第15课　电动锤子助工作

在我们的城市建设施工中，经常能够看到工人用铁锤工作的场景；在我们逛美食街的时候，也能经常看到朝鲜族打糕美食的传统展示；它们都需要人辛苦地反复操作。本课让我们来帮助他们制作一个电动锤子，让这些工作变得更轻松吧！

扫一扫，看视频

任 务 发 布

(1) 了解锤子的基本工作原理，掌握凸轮是怎样把旋转运动变成了上下往复运动。

(2) 尝试把这样的机构用在生活中其他地方，让我们的生活变得更美好。

💡 构思作品

动动脑筋，想一想制作一个电动锤子需要我们从哪几个方面入手，要抓住电动锤子的哪些特点？

1. 明确功能

要制作一个电动锤子，首先要知道它应当具备哪些功能或特征，其次要能说清楚电动锤子是怎样运动的。请你设计一个草图，并描述一下它的运动状态，如图 15-1 所示。

运动状态描述

外观设计图

图 15-1　明确功能

2. 知识预备

凸轮是围绕一个轴转动的构件，好像一个旋转的轮子。它的轮廓使它能够控制计时和随动件的运动程度。凸轮可以是圆形、梨形或者不规则的，如图 15-2 所示。

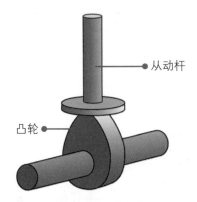

图 15-2　凸轮机构

3. 头脑风暴

凸轮主要作用是使从动杆按照工作要求完成各种复杂的运动，包括直线运动、摆动、等速运动和不等速运动等。凸轮应用广泛，如跳舞玩具、门锁、机床等，如图 15-3 所示。请你想一想，哪种适合做我们的电动锤子。

图 15-3　凸轮的应用

🔧 规划设计

1. 作品规划

电动锤子主要由底座、机架、凸轮、锻打平台和锤体组成，如表 15-1 所示。请根据表中搭建的顺序和要求，填一填你的搭建思路。

表 15-1　搭建规划

搭建顺序	要求	搭建思路
底座	结构稳定，有一定的重量	
机架	高度适中，支撑有力	
凸轮	位置恰当	

（续表）

搭建顺序	要求	搭建思路
锻打平台	位置准确，平台合适	
锤体	大小合适，造型科学	

2. 作品结构

电动锤子由底座、机架、锻打平台、凸轮和锤体组成，如图 15-4 所示。通过电池盒驱动电机，凸轮会跟着转起来，锤体就会上下往复运动。想一想，凸轮为什么会帮助锤体实现自由落体运动呢？

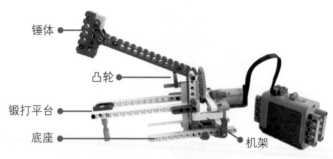

图 15-4　电动锤子结构

📖 任务实施

1. 器材准备

学习了凸轮机构的原理之后，大家可以先修改一下之前的设计图，然后根据搭建的顺序、要求和思路进行搭建，所需的器材如表 15-2 所示。

表 15-2　电动锤子需要的器材清单

名称	形状	名称	形状	名称	形状
电池盒		轴套		电机	
15 孔连杆		48 齿齿轮		9 孔连杆	
7 孔连杆		8 齿齿轮		5 孔连杆	
15 梁		5 单位轴		5 梁	
1 梁		7 单位轴		双弯连杆	

（续表）

名称	形状	名称	形状	名称	形状
3×5 直角连杆		8 单位轴		2×4 直角连杆	
2 单位黑色销		连接器		2 单位黄色销	
双连接销		凸轮		双轴孔连轴器	
1.5 单位销		3 单位轴		半轴套	
3 单位蓝色销		4 单位轴		套管	
正交连轴器		双轴连接器		三角连杆	
曲柄		带轴套的销			

2. 搭建组装

搭建电动锤子时，可以分模块进行。首先搭建电动锤子的底座和机架；然后安装凸轮、锻打平台；最后搭建锤体和电机驱动部分。大家也可以根据自己的想法，对电动锤子的设计进行适当修改。

01 **搭建底座和机架** 使用 15 孔连杆、9 孔连杆、半轴套等零件搭建好底座，注意正交连轴器、带轴套的销和轴套的连接，如图 15-5 所示。

凸轮　　　　　　　　正交连轴器
　　　　　　　　　　双轴孔连轴器

带轴套的销

图 15-5　搭建底座和机架

02 **搭建锤体部分** 用梁、黑色销、三角连杆等零件搭建一个锤子，注意锤子尾部的孔要空出来，如图 15-6 所示。

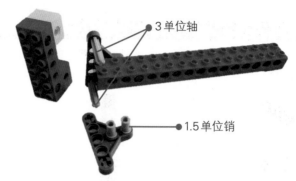

图 15-6　搭建锤子

03　**搭建锻打平台**　使用双轴孔连轴器、曲柄、连接器、直角连杆等零件搭建锻打平台，如图 15-7 所示。

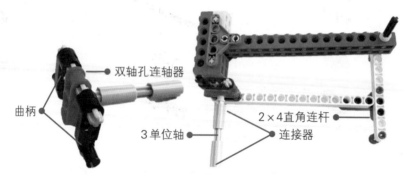

图 15-7　搭建锻打平台

04　**搭建驱动模块**　使用 8 齿齿轮、双轴连接器、双连接销、直角连杆等零件搭建驱动模块，如图 15-8 所示。

图 15-8　搭建驱动模块

05　**整体搭建**　把上面搭建的几部分按如图 15-9 所示组合在一起，打开电池盒的开关，测试一下吧！

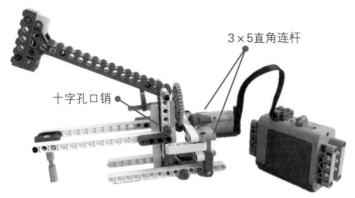

图 15-9　整体搭建

3. 实验探究

　　通过本课的搭建和研究，我们对凸轮机构有了一定的认识。如果把电动锤子上面再加一个凸轮，如图 15-10 所示，锤子会有哪些变化？自己试一试，和小伙伴分享一下你的收获吧！

图 15-10　任务拓展提示

🌐 拓展创新

1. 任务拓展

　　如图 15-11 所示，这是一个跳舞机器人，请你照样子搭一搭，小丑除了上下跳舞外，它还会转圈吗？请你自己动手玩一玩，并将结果写在下方的横线上。

图 15-11　跳舞机器人

写
一
写

_____

_____

_____

2. 举一反三

如图 15-12 所示是一个电动敲鼓机，请你仔细观察一下，它用到了几个凸轮，为什么凸轮凸出部分的方向各不相同？赶紧搭建一个玩一玩，聪明的你一定能发现其中的秘密！

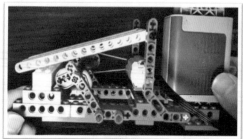

图 15-12　敲鼓机

第 16 课　观光电梯升起来

扫一扫，看视频

我们在生活中经常会乘坐电梯，它不仅能够帮助我们方便地上下高楼，还能稳稳地停在各个楼梯口。今天就让我们一起研究电梯的上下运行吧！

(1) 自主搭建蜗轮蜗杆机构，体会蜗轮蜗杆的基本工作原理，了解自锁、减速特征。

(2) 通过搭建、测试，明白蜗轮蜗杆机构的特征是如何运用在电梯的结构中的。

构思作品

在搭建电梯之前，我们来回忆一下电梯的基本运行过程，结合这一过程想一想我们在搭建的时候要注意哪些问题。

1. 生活探究

如图 16-1 所示，这是一张电梯运行的基本示意图，请和同伴交流乘电梯的过程，并认真思考右侧提出的问题。

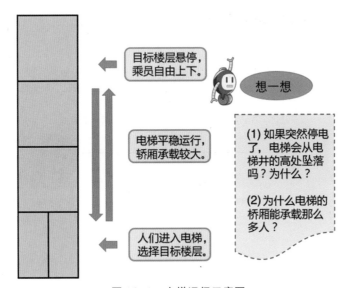

目标楼层悬停，乘员自由上下。

想一想

电梯平稳运行，轿厢承载较大。

(1) 如果突然停电了，电梯会从电梯井的高处坠落吗？为什么？

(2) 为什么电梯的桥厢能承载那么多人？

人们进入电梯，选择目标楼层。

图 16-1　电梯运行示意图

2. 原理探秘

为什么电梯能够载重，能稳稳地停在电梯口且断电不会坠落？秘密就在于蜗轮蜗杆机构，它存在于电梯升降系统中。那么，它是怎样一种机构呢？如图 16-2 所示，请你找出相应的器材搭建一个蜗轮蜗杆机构。

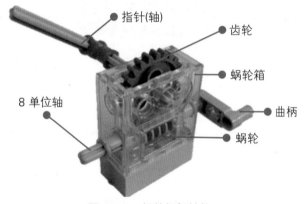

图 16-2　蜗轮蜗杆结构

3. 功能小结

　　仔细观察图 16-2 搭好的蜗轮蜗杆机构，按照下面的提示玩一玩，看看它有什么"本领"吧！

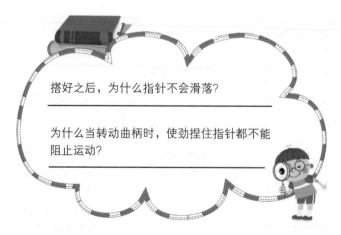

搭好之后，为什么指针不会滑落？

为什么当转动曲柄时，使劲捏住指针都不能阻止运动？

规划设计

1. 作品规划

　　我们要搭建的观光电梯主要由底座、轿厢、顶部滑轮组、蜗轮绞盘和驱动模块组成，如表 16-1 所示。请根据表中搭建的顺序和要求，填一填你的搭建思路。

表 16-1　搭建规划

搭建顺序	要求	搭建思路
底座	结构稳定，适当配重	
轿厢	大小合适，升降顺滑	
顶部滑轮组	位置恰当，传动顺畅	
蜗轮绞盘	转动有力，自锁方便	
驱动模块	搭建科学，运转正常	

2. 作品结构

如图 16-3 所示，观光电梯自下而上，依次完成底座、轿厢、顶部滑轮组等部件的搭建。

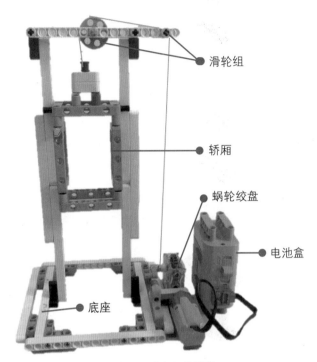

滑轮组

轿厢

蜗轮绞盘

电池盒

底座

图 16-3　观光电梯结构

任务实施

学习了蜗轮蜗杆的相关知识后，大家是不是很想自己来搭建一个观光电梯体验一下呢？对照下列器材列表，尝试搭建作品，注意顺序，会方便后面的组装。

1. 器材准备

表 16-2　观光电梯需要的器材清单

名称	形状	名称	形状
电池盒		电机	
15 孔连杆		双连接销	
3×5 直角连杆		带角连接销	

（续表）

名称	形状	名称	形状
半轴套		轴套	
2 单位黑色销		4 单位轴	
8 单位轴		5 单位轴	
蜗杆		滑轮	
双轴孔连轴器		齿轮	
3 孔连杆		3 单位蓝色销	
5 孔连杆		框架	
T 型连杆		变速箱	
曲柄		带轴套的销	
2×8 板			

2. 搭建组装

搭建观光电梯时，按照上表分模块进行。首先是搭建它的底座，然后搭建轿厢、顶部滑轮组、绞盘，最后装上电机驱动部分。

01 **搭建底座**　用长连杆、双连接销、带角连接销搭建，连接处用黑色销和 T 型连杆连接，如图 16-4 所示。

02 **搭建轿厢**　用 6 个 5 孔连杆拼装 4 个框架和顶部的棉线连接处，搭建轿厢，如图 16-5 所示。

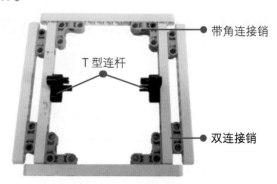

带角连接销

T 型连杆

双连接销

图 16-4　底座结构

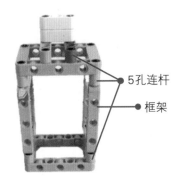

图 16-5　搭建轿厢

03 **搭建滑轮组**　如图 16-6 所示，将滑轮、轴套安装在对应的位置，当所有零件安装完成之后，在顶部轴的另一边装上长连杆及黄色的半轴套。

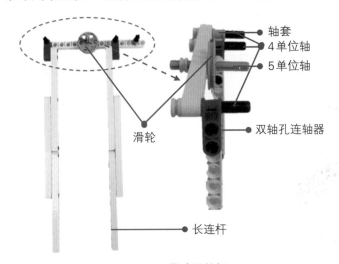

图 16-6　搭建滑轮组

04 **搭建绞盘**　将棉线拴在曲柄上，再将曲柄装在轴上，在电机和蜗轮下面用 2×8 板连接，如图 16-7 所示。

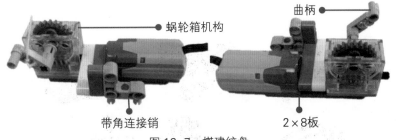

图 16-7　搭建绞盘

05 **整体效果**　将棉线按照图 16-3 所示与轿厢连接起来，搭建完成观光电梯，注意棉线穿过滑轮和轴套的位置。

思考

(1) 测试运行观光电梯，仔细观察蜗轮蜗杆机构是怎样帮助电梯运行的？自锁及大扭矩的特征是怎样体现的？

(2) 想一想，同样是让电机做减速运动，蜗轮蜗杆机构和齿轮组减速有什么区别，为什么电梯要用蜗轮蜗杆机构？

拓展创新

1. 任务拓展

通过本课的搭建和研究，我们对蜗轮蜗杆传动有了一定的认识。表 16-3 中有 3 张不同的图，请同学们积极思考，分组讨论，说一说这 3 种不同的传动有什么区别，各自的优点与不足是什么，并记录下来。

表 16-3　不同传动类型运动记录表

传动类型	传动结果

2. 举一反三

关于蜗轮蜗杆机构，有很多种不同的搭建方法，对照图 16-8，想一想它们可以用在哪些搭建物上。

图 16-8　不同的蜗轮蜗杆搭建

第5单元

探究机器人齿轮

在前面的单元中，我们不仅学习了机器人的组成和基础搭建，还认识了齿轮、履带、凸轮、蜗轮箱等动力结构。本单元通过趣味模型的搭建，体验并探究齿轮的加速、减速、改变力的方向以及多级齿轮的运用。

本单元选择了趣味性较强的例子，设计了 4 个活动，分别是陀螺发射器、减速小单车、旋转的木马和神奇电动门。在看一看、想一想、搭一搭、玩一玩的过程中，初步感受齿轮动力的奇妙，发现并理解这些机械动力原理在生活中的运用。

本单元内容

第17课　陀螺发射器

扫一扫，看视频

　　小时候你玩过陀螺吗？还记得它飞快转动的样子吗？还记得为了让它能稳稳地转动起来，怎么想办法给它一个快速转动的力吗？想让它转动的时间长一些，怎么去提高它的转动速度？本课我们来研究并搭建一个能让陀螺快速转动起来的陀螺发射器。

任 务 发 布

　　(1) 把握陀螺发射器的外形特点，利用齿轮加速，搭建一个陀螺发射器。

　　(2) 掌握齿轮加速的原理，了解同轴同速，搭建其他作品，解决生活中的问题。

构思作品

1. 观察思考

　　如图 17-1 所示，陀螺发射器各式各样，不管外形如何变化，其根本的作用就是将陀螺加速并发射出去。请同学们回忆一下自己的游戏体验，想一想这些外形不同的陀螺发射器有哪些部分组成，有哪些相同之处，它们是如何实现加速的呢？

图 17-1　陀螺发射器

观察思考

2. 明确目标

通过体验、观察和思考，我们知道陀螺加速器的任务就是要加速，使得陀螺能快速转动起来，请完成图 17-2，将你认为搭建需要达到的目标填写在思维导图中。

可加速

陀螺发射器

图 17-2　构思作品功能

知识准备

1. 齿轮一级加速

如图 17-3 所示，当输入齿轮为 40 齿的直齿轮、输出齿轮为 8 齿的直齿轮时，我们发现大齿轮的每个齿经过连接点时，小齿轮的一个个齿就会随着通过，那么大齿轮转动一圈总共有 40 个齿经过连接点，小齿轮要转动 5 圈才行 (40/8=5)。同样的时间大齿轮转动 1 圈，小齿轮转动 5 圈，起到了加速作用。

输入齿轮

输出齿轮

图 17-3　一级加速

2. 齿轮二级加速

如图 17-4 所示，输入齿轮为 40 齿的直齿轮，它与 8 齿直齿轮构成了第一级加速，因同轴同速的原理，20 齿双锥齿轮的速度与 8 齿直齿轮相同，它与 12 齿双锥齿轮构成了第二级加速。

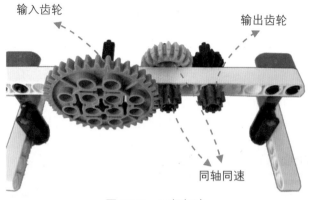

输入齿轮

输出齿轮

同轴同速

图 17-4　二级加速

规划设计

1. 确定方案

陀螺发射器有很多种，请根据你的了解填写表 17-1，本课我们利用乐高科学套装搭建一个手柄式、齿轮加速的电动陀螺发射器。

表 17-1　**方案选择**

项目	设计类型		
样式	□ 枪式	□ 手柄式	□ 其他：_____
动力	□ 手动	□ 电动	□ 其他：_____
加速形式	□ 齿轮	□ 发条	□ 其他：_____

2. 作品规划

根据以上作品功能的分析和知识的准备，可以从外观和功能两方面初步设计出作品的构架，请规划作品所需要的元素，将自己的想法添加到图 17-5 的思维导图中。

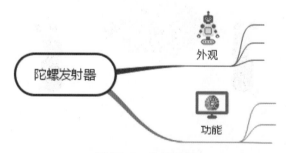

陀螺发射器

外观

功能

图 17-5　作品规划

3. 零件选择

根据作品规划，我们对将要完成的陀螺发射器从外观和功能上已经有了初步的构思，在图 17-6 所示的零件中勾选出你觉得可用的。

图 17-6　零件选择

4. 搭建思路

本课你要搭建的陀螺发射器需要用到哪些零件及搭建思路，将表 17-2 填写完整。

表 17-2　**搭建思路**

组成部分	零件	搭建思路
手柄	梁、孔连杆等	适合手持，和发射主体部分连接稳定

5. 作品结构

陀螺发射器由框架、手柄、动力装置、加速装置等部分组成，如图 17-7 所示，你有什么更好的结构方案？

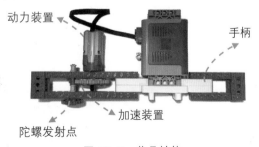

动力装置　　手柄　　加速装置　　陀螺发射点

图 17-7　作品结构

📖 任务实施

1. 搭建作品

搭建陀螺发射器时，注意分步骤进行。首先搭建框架和手柄，然后固定电池盒和电机位置，最后搭建关键性的齿轮加速部分，注意大齿轮带动小齿轮起到加速作用。大家也可以根据自己的想法和规划进行搭建，只要步骤合理，结构稳定，能够满足陀螺发射器的功能即可。

01 **框架和手柄** 用孔连杆和梁搭成陀螺发射器的框架和手柄，框架注意宽度和高度，预留齿轮安装位置，手柄注意长度和可手持性，中间部分用孔连杆预留出安装电池盒的位置，如图 17-8 所示。

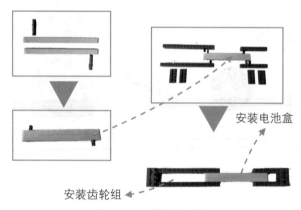

安装电池盒

安装齿轮组

图 17-8　框架和手柄

02 **固定电池盒和电机** 用 3 孔连杆和 7 孔连杆作为辅助，黑色销和蓝色销起连接及固定作用，将电池盒和电机安装在框架上，注意电机的位置，如图 17-9 所示。

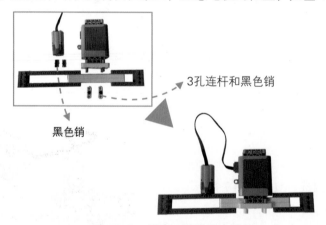

3孔连杆和黑色销

黑色销

图 17-9　固定电池盒和电机

03 **齿轮一级加速** 根据大齿轮带动小齿轮起到加速作用的原理，利用轴和轴套将 40 齿的大齿轮连接在电机上，带动 8 齿的小齿轮，在小齿轮的同轴下方装一个齿轮作为与陀螺的力量传递点，即发射点，如图 17-10 所示。

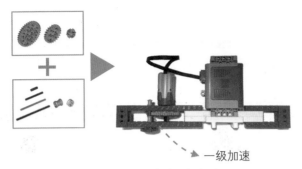

一级加速

图 17-10　齿轮一级加速

04　**齿轮二级加速**　使用轴、轴套和齿轮将一级加速升级成二级加速，如图 17-11 所示。

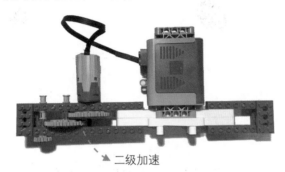

二级加速

图 17-11　齿轮二级加速

05　**作品测试及体验**　把握陀螺底盘低、转动面大、接触面小的外形特点，合理选用零件，搭建陀螺，按图 17-12 所示体验并测试陀螺发射器作品。注意陀螺和陀螺发射器之间利用齿轮连接传输动力。

陀螺和陀螺发射器之间用齿轮连接

图 17-12　玩转小陀螺

思考

(1) 轴套能不能紧紧地压在梁上？对齿轮的传动会不会有影响，为什么？

(2) 对于陀螺发射器发射点处的齿轮，其大小的变化对陀螺的速度有没有影响？

2. 实验探究

♡ **齿轮组合及速度的变化** 如表 17-3 所示，根据所给 3 组齿轮的加速组合，猜想一下，输入齿轮速度相同时，输出齿轮的快慢顺序，并做简单的实验去验证一下。

表 17-3　比速度

组别	输入齿轮		输出齿轮	
1		40 齿		8 齿
2		16 齿		8 齿
3		24 齿		8 齿
速度排序	_____ > _____ > _____			

♡ **体验齿轮比和速度比** 如图 17-13 所示，输入齿轮的速度为 5(圈/分钟) 时，以齿轮上的连接销为参照物，测一测输出齿轮的速度为多少？体会速度变化和齿轮齿数之间的关系，并将你的分析结果写下来。

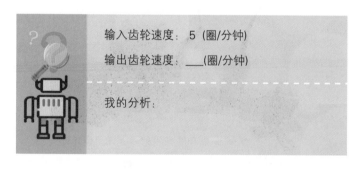

图 17-13　齿轮加速

输入齿轮速度：5 (圈/分钟)

输出齿轮速度：___(圈/分钟)

我的分析：

🌐 拓展创新

1. 任务拓展

本课我们使用齿轮加速原理搭建了一个陀螺发射器，尝试在二级加速的基础上设计并搭建三级加速，如图 17-14 所示。如果想让陀螺加速器速度再快一些，是不是可以四级加速、五级加速这样一级一级地往上加？感受速度、摩擦力和结构稳定性之间的关系。

2. 举一反三

　　齿轮是机器的重要组成部件，齿轮加速在我们的生活中有广泛的应用，比如常见的电风扇。有兴趣的同学可以完成一个电风扇的搭建，如图 17-15 所示。比一比谁的风扇转动得快，谁的风扇吹出来的风比较大。

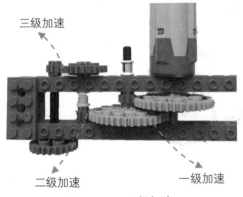

三级加速

二级加速　　　　一级加速

图 17-14　三级加速

图 17-15　电风扇

第 18 课　减速小单车

扫一扫，看视频

　　单车是我们生活中常见的一种交通工具，既健康又环保。山地车是单车的一种，具有变速功能，根据路面情况和实际需要，调至不同的档位，加快或减慢车速。本课中我们将一起制作一辆减速小单车。

任 务 发 布

　　(1) 了解齿轮减速的原理，运用减速齿轮结构搭建简易的创意小单车。

　　(2) 掌握减速齿轮组的设计，学会使用齿轮减速的原理，搭建其他创意作品。

 构思作品

1. 外形分析

单车是我们生活中常见的交通工具，大家都不陌生。要想完成一辆减速小单车的搭建，先要了解单车的重要组成部分，请尝试在图 18-1 上完成单车结构分析。

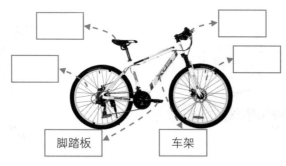

图 18-1　单车结构分析

2. 动力研究

山地车是单车的一种，具有变速功能，其后轮上有一个大小不等的齿轮组，通过档位的调整，脚踩脚踏板使其转动，通过链条将力传递给后轮，后轮转动，带动单车前进，可加速或减速，如图 18-2 所示。

图 18-2　山地车变速原理

📖 知识准备

生活中的单车是由链条在 2 个齿轮之间传递动力的，今天我们要搭建一辆利用齿轮传动实现减速的小单车。下面先来了解一下齿轮减速的有关知识和原理。

1. 齿轮减速

如图 18-3 所示，当输入齿轮为小齿轮 (8 齿)、输出齿轮为大齿轮 (40 齿) 时，小齿轮传动一圈，8 个齿经过连接点，大齿轮上相应的也是 8 个齿经过连接点，8/40=0.2，不难发现，小齿轮转动 1 圈仅带动大齿轮转动 0.2 圈，故转动速度变慢。

图 18-3　齿轮减速

2. 齿轮比

齿轮比，是指两个相互作用的齿轮的齿数之间的关系。相互作用的齿轮是指两个啮合的齿轮，或者以其他方式连接的两个齿轮。齿轮比 = 从动齿轮的齿数：主动齿轮的齿数。

如图 18-4 所示，从动齿轮为 24 齿，主动齿轮为 8 齿，那么齿轮比 =24 ：8=3 ：1，意味着主动齿轮旋转 3 圈，从动齿轮才转 1 圈。如果齿轮比大于 1，则是减速运动；如果齿轮比小于 1，则是加速运动；如果齿轮比等于 1，则是等速运动。

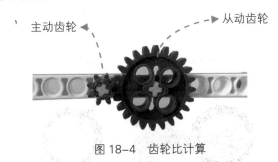

图 18-4　齿轮比计算

规划设计

1. 确定方案

回顾前面所学的知识，仔细观察图 18-5 中的"方案一"和"方案二"。请问：想让前后轮转动方向和脚踏板转动方向一致，应该选择哪个方案？

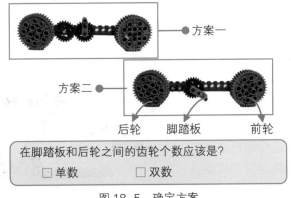

图 18-5　确定方案

2. 零件选择

结合图 18-1 对单车结构的分析以及我们所需的齿轮减速传动装置，可以将减速小单车分为 7 部分，请根据结构特点，认真思考，在图 18-6 中将零件类型和组成部分之间连线，完成零件的选择。

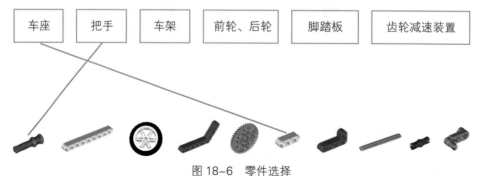

| 车座 | 把手 | 车架 | 前轮、后轮 | 脚踏板 | 齿轮减速装置 |

图 18-6　零件选择

3. 作品结构

本课我们要搭建的减速小单车，如图 18-7 所示。你还有什么更好的结构方案吗？

齿轮减速　　齿轮组传动

图 18-7　作品结构

📖 **任务实施**

1. 搭建组装

搭建单车时，要注意搭建步骤。首先搭建车架；然后搭建前轮和后轮，搭建齿轮减速装置；最后将把手、车座、脚踏板安装到位。大家也可以根据自己的想法进行搭建，注意外形的把握和齿轮减速结构的应用。

01 车架　主要用孔连杆和销搭建车架，注意三角形稳定性的应用，如图 18-8 所示。

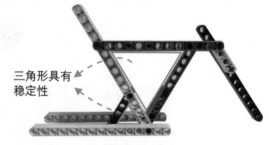

三角形具有稳定性

图 18-8　车架

02 **前轮和后轮**　选择长短合适的轴，利用轴和轴套将前轮和后轮安装在车架上，注意在后轮的轴上预留出安装齿轮的位置，如图 18-9 所示。

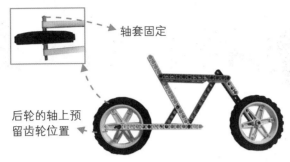

轴套固定

后轮的轴上预
留齿轮位置

图 18-9　安装前轮和后轮

03 **齿轮传动和齿轮减速**　根据后轮和脚踏板间梁的长度，合理安排齿轮组，注意为保证后轮的转动方向和脚踏板相同，它们之间的齿轮个数为单数，如图 18-10 所示。

后轮和脚踏板之间的齿轮数为3个

图 18-10　齿轮传动和齿轮减速装置

04 **脚踏板、车座和把手**　根据单车的结构特点，灵活合理地选择零件，把握外形搭建，如图 18-11 所示。

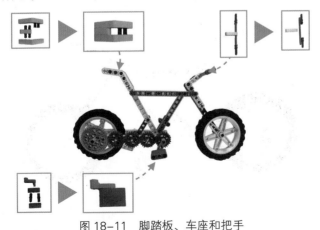

图 18-11　脚踏板、车座和把手

2. 实验探究

如图 18-12 所示，一个是转动灰色轴在加速情况下尝试抬起轮胎，另一个是转动黑色轴在减速情况下尝试抬起轮胎，先请同学们想一想，你用的力会是一样的吗？哪一个省力？哪一个费力？再搭建模型，动手试一试，并由此推测一下，如果骑单车上坡，用减速结构省力还是用加速结构省力？将你的实验结果和分析结果写下来。

图 18-12　举重模型

观察思考

拓展创新

1. 任务拓展

实际生活中的单车是使用链条将齿轮连接传递动力的，请同学们利用橡皮筋、滑轮和半轴套等，模仿链条传动的方式，对你的小单车进行改造，如图 18-13 所示。思考利用滑轮传动时，加速和减速的原理是否和齿轮传动类似？

利用滑轮和皮筋

图 18-13　滑轮传动式小单车

2. 举一反三

在我们的生活中，机械手表和汽车的变速箱都用到了齿轮减速的原理。如图 18-14 所示，请利用齿轮加速与减速的原理，尝试搭建一个变速箱，然后玩一玩。

操控杆

动力

轮胎会根据操控变速

图 18-14　简易变速箱

第 19 课　旋转的木马

在游乐场里，旋转木马是大家喜爱的一个娱乐项目，坐在旋转的小木马上，听着梦幻的音乐，幻想着自己生活在童话之中。旋转木马是以圆心为中心点，中心有支柱，上面有顶棚，如雨伞般，小木马们挂在圆形顶棚边缘，绕圆周慢慢转动。在本课中我们也来制作一个旋转的木马吧！

扫一扫，看视频

任 务 发 布

(1) 把握旋转木马的外形特点，利用锥齿轮结构可改变力的方向的原理，搭建旋转木马。

(2) 理解锥齿轮结构的原理，学会使用锥齿轮结构搭建其他作品，解决生活中的问题。

 **构思作品**

1. 初步了解

如图 19-1 所示，在旋转木马的中心有一根粗粗的柱子，还有大大的顶棚、圆圆的底座和一个个小木马。小木马是以中心为点，沿圆周缓缓转动的。

图 19-1　旋转木马的结构

2. 体验感受

你坐过旋转木马吗？请回忆一下你亲身体验的感受，完成表 19-1，尝试总结一下本课要搭建的旋转木马有哪些动力方面的要求。

表 19-1　**体验感受**

项目	类型			
运动方式	☐上下震动	☐绕圈转动	☐不规律运动	☐其他：_____
运动速度	☐匀速	☐有规律的变化	☐无规律的变化	☐其他：_____
总结				

3. 确定方案

通过体验知道旋转木马是可以绕圈转动的，电机提供其转动的力，如图 19-2 所示，电机的搭建位置有以下 3 种方案，本课选择第 3 种方案，将电机放在侧面。

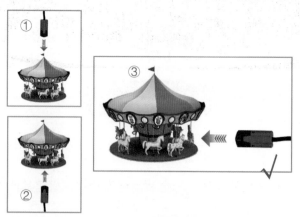

图 19-2　确定方案

4. 提出问题

我们选择的方案中电机是水平摆放的，可是带动木马转动的中心轴是垂直转动的，如图 19-3 所示。那么怎么将水平转动的力转变成垂直转动的力呢？这是我们将要学习和解决的问题。

图 19-3　提出问题

知识准备

1. 锥齿轮结构

如图 19-3 所示为锥齿轮结构，用它可以改变力的方向。锥齿轮结构用来传递两相交轴之间的运动和动力，在一般机械中锥齿轮两轴之间的交角等于 90°，如图 19-4 所示，这样可以将转动方向改变 90°。

锥齿轮结构　　　　　　　　　　　锥齿轮结构

图 19-4　锥齿轮结构

2. 锥齿轮结构要素

如图 19-5 所示，锥齿轮结构主要由锥齿轮或者双锥齿轮，以及轴组成。双锥齿轮可以看作一个直齿轮和两个锥齿轮的结合，到目前为止我们只用直齿轮的齿在两根平行轴之间传递运动，但是用两旁的锥齿轮可以创建垂直连接。注意齿轮和齿轮之间的啮合问题，减少传递过程中的能量损耗。

规划设计

1. 零件选择

根据旋转木马的组成部分和结构特点，给每一部分选择可用的零件，将表 19-2 填写完整。

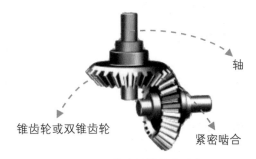

轴

锥齿轮或双锥齿轮　　　　　紧密啮合

图 19-5　锥齿轮结构的要素

表 19-2　零件选择

结构名称	选用零件(填写序号)	零件种类				
底座和支架		1.	2.	3.	4.	5.
顶棚和木马		6.	7.	8.	9.	10.
		11.	12.	13.	14.	15.
锥齿轮结构		16.	17.	18.	19.	20.

2. 作品结构

旋转木马由底座、支架、顶棚、木马、电池盒、电机和动力传输装置等部分组成，如图 19-6 所示。你还有什么更好的结构方案吗？

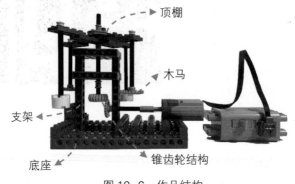

图 19-6　作品结构

🔅 任务实施

1. 搭建作品

搭建旋转木马时，可以先框架后细节，分模块进行。首先搭建旋转木马的底座和支架，然后搭建顶棚和木马等部分，最后搭建锥齿轮结构将木马的中心轴和电机连接起来。大家也可以根据自己的想法进行搭建，实现木马的旋转。

01 底座和支架　主要利用长短不一的梁来搭建旋转木马的底座和支架。在搭建时要注意利用"两点成一线"的原理，使用 2 个连接销将支架垂直立在底座上，同样利用此原理，在支架上搭建 2 个轴固定点，使旋转木马的中心轴结构稳定，如图 19-7 所示。

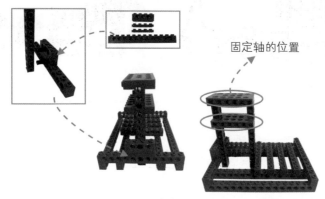

图 19-7　底座和支架

02 **顶棚和木马**　用长轴作为木马的中心轴，以此为中心点用板搭建顶棚部分，以及用轴、齿轮等搭建挂在顶棚边缘的木马部分。特别注意板和轴的啮合连接，这里利用的是滑轮和连接销的固定，如图 19-8 所示。

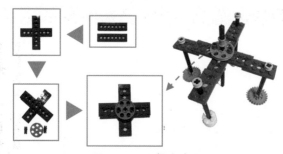

图 19-8　顶棚和木马

03 **锥齿轮结构**　使用锥齿轮和双锥齿轮搭建锥齿轮结构，注意利用轴套固定住齿轮的位置，使 2 个齿轮最佳啮合，实现力的传递方向的改变，如图 19-9 所示。

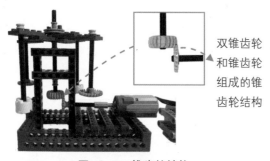

图 19-9　锥齿轮结构

04 **整体搭建**　检查各部分的连接，特别是底座、支架的稳定以及齿轮的啮合，将电机连接到控制器上，测试旋转木马的效果，如图 19-10 所示。

图 19-10　整体搭建

思考

(1) 锥齿轮结构搭建时要注意哪些方面？你在搭建过程中用了哪些方法和零件去辅助调整齿轮的啮合？

(2) 对于顶棚和中心轴的固定，除了使用滑轮和连接销，还可以利用哪些零件来实现？

2. 实验探究

按照表 19-3 所示，搭建不同组合的锥齿轮结构，完成以下实验探究。

表 19-3　锥齿轮结构实验表

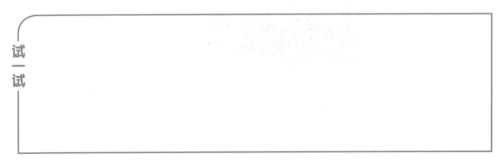

分组	齿轮结构描述	结构示意图
A 组	主动齿轮：20 齿锥齿轮 从动齿轮：12 齿双锥齿轮	
B 组	主动齿轮：12 齿双锥齿轮 从动齿轮：20 齿双锥齿轮	
C 组	主动齿轮：20 齿双锥齿轮 从动齿轮：20 齿双锥齿轮	

如果锥齿轮的两根轴不在一个平面上，锥齿轮结构的啮合会稳定吗？会影响力的传递吗？请试一试，并将你的观察、思考和结论写下来。

试一试

计算一下它们的齿轮比，按照从大到小的顺序写下来；再测一测输入齿轮为同一速度时输出齿轮的速度，记录下来并由快到慢排序，分析并写下得出的结论。

齿轮比：_____ > _____ > _____

速度：_____ > _____ > _____

结论：_____

🌐 拓展创新

1. 任务拓展

如图 19-11 所示，利用小齿轮带动大齿轮可减速的原理，改变旋转木马的齿轮传动结构，使木马转动得慢一些，请同学们结合本课所学知识，试一试利用其他的齿轮传动结构来给木马减速。

图 19-11　旋转木马减速

2. 举一反三

如图 19-12 所示，小车利用齿轮传动将电机的转动传递到轮子，请你利用本课所学知识，通过改变电机方向将小车改造成利用锥齿轮结构来传递电机的动力。

图 19-12　齿轮传动小车

扫一扫，看视频

第 20 课　神奇电动门

现在大家的居住环境日趋改善，小区的管理也越来越规范。在小区大门门禁的地方常会设置电动门，通过刷卡等方式确认身份以后，电动门会自动打开。这样的电动门也常用在一些办公场所。我们在商场、超市、酒店还可以看到一些感应电动门，当你靠近，门就自动打开。本课我们一起制作一个神奇的电动门吧！

任 务 发 布

(1) 把握电动门的外形特点，利用齿轮传动原理及锥齿轮结构可改变力的方向的原理，搭建电动门。

(2) 综合运用齿轮传动和锥齿轮结构，可创意搭建作品，解决生活中的问题。

构思作品

1. 外形分析

电动门的外形和一般的门类似，都是由门框、门板、铰链等组成，门板通过铰链固定在门框上，可以转动，实现门的开启或关闭，如图 20-1 所示。

图 20-1　电动门的结构

2. 动力规划

在外形分析中已知门板是通过铰链固定在门框上的，可以转动，那么我们可以把铰链理解成一根转动轴，如图 20-2 所示。首先，水平方向的电机怎么将动力传递给垂直方向的转动轴呢？其次，电机的转动速度比较快，而开关门的转速相比会慢很多，怎么在动力传输的过程中将速度降下来呢？本课我们要解决一个齿轮结构综合运用的问题。

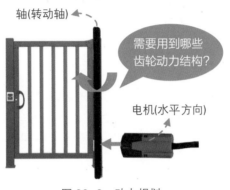

图 20-2　动力规划

📖 知识准备

1. 齿轮传动

我们已经知道齿轮的传动大体分为 3 种：大齿轮带动小齿轮，起到加速的作用；小齿轮带动大齿轮，起到减速的作用；还有就是同样大小的齿轮相啮合，起到了力量传递的作用，如图 20-3 所示。

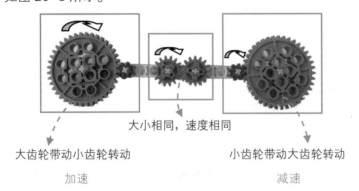

大小相同，速度相同

大齿轮带动小齿轮转动　　　　　　　　小齿轮带动大齿轮转动

加速　　　　　　　　　　　　　　减速

图 20-3　齿轮传动

2. 锥齿轮结构

锥齿轮结构可改变力的方向，如图 20-4 所示，当组成锥齿轮结构的 2 个齿轮大小不等的时候，可以起到加速或者减速的作用。

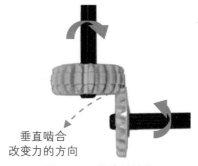

垂直啮合
改变力的方向

图 20-4　锥齿轮结构

3. 综合应用

在我们的生产和生活的实际需要中，常常并不是只有齿轮传动或者是锥齿轮结构就可以实现和完成的，那么我们就需要多个齿轮的多结构综合应用，如图 20-5 所示。我们在动力规划中已知本课既要实现速度的减慢，又要实现动力方向的改变，这就是齿轮的综合应用问题。

图 20-5　齿轮综合应用

规划设计

1. 明确目标

本课我们要利用乐高科学与技术套装搭建一个电动门，请结合前面对外形的分析和动力的研究，将图 20-6 填写完整，明确搭建目标。

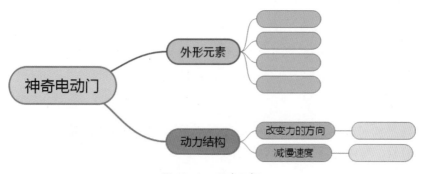

图 20-6　明确目标

2. 零件选择

根据神奇电动门的组成部分和动力结构特点，给出如表 20-1 所示的零件清单，表中只给出零件的种类，具体的规格和数量可根据需要自己选择。

表 20-1　零件清单

名称	形状	名称	形状
电机		电池盒	
孔连杆		梁	
锥齿轮和双锥齿轮		轴和轴套	
连接销		2 单位带十字孔的连杆	

3. 作品结构

如图 20-7 所示，电机通过齿轮传动和锥齿轮结构的综合应用，将动力由齿轮传动→锥齿轮结构→齿轮传动，最终传递给门上的转动轴。转动轴和门固定在一起，轴转动时带动门转动，实现门的开关动作。

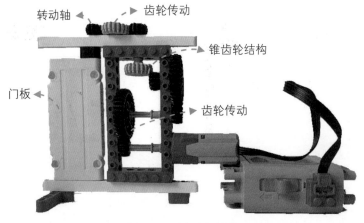

转动轴　　齿轮传动　　锥齿轮结构　　门板　　齿轮传动

图 20-7　电动门结构

💡 任务实施

1. 搭建作品

搭建神奇的电动门时，除了把握电动门的外形，还要特别注意动力的传输、传动结构的选择以及齿轮的啮合等问题，实现电动门自动开关的功能。大家也可以根据自己的想法进行搭建。

01 门板　门板直接用器材中的面板零件，特别注意如何灵活利用零件将转动轴安装在门板上，效果如图 20-8 所示。

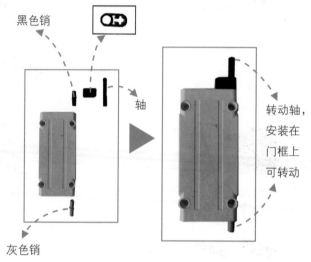

图 20-8　门板

02 门框　门框利用孔连杆和梁搭建，用销固定；门的一旁用带孔长梁做框，预留出传动装置的安装位置，如图 20-9 所示。

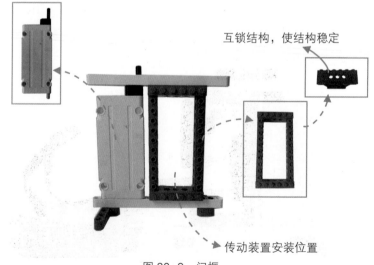

图 20-9　门框

03 动力传输结构 想要门可以受电机控制自动开关，就要想办法利用齿轮来搭建一条动力传输之路，因为电机的传动速度比较快，大于开门关门的速度，所以要利用齿轮减速结构，将速度降下来，如图 20-10 所示。

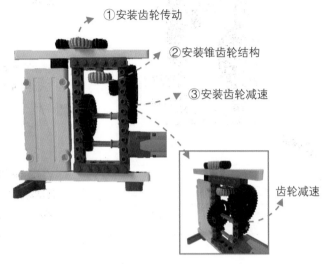

①安装齿轮传动

②安装锥齿轮结构

③安装齿轮减速

齿轮减速

图 20-10 动力传输结构

04 连接电池盒、测试 连接电池盒，测试一下，看看各个齿轮之间是不是有效啮合，是不是可以顺利地自动开关门，如图 20-11 所示。

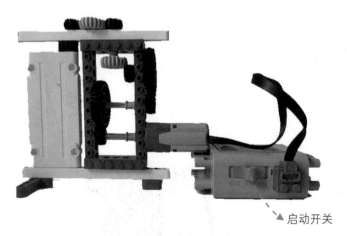

启动开关

图 20-11 连接电池盒、测试

2. 实验探究

如图 20-12 所示，给电动门上的齿轮编号，分析并观察它们的速度和方向，将速度相同的及方向相同的，一组一组写下来，试着得出结论，回答问题。

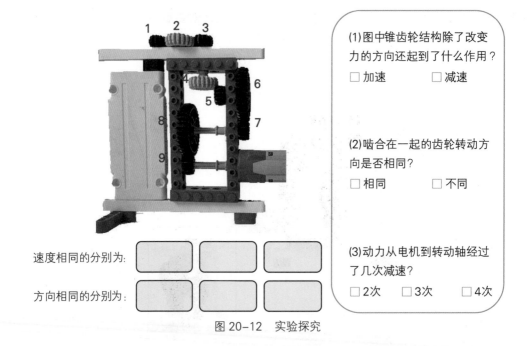

(1)图中锥齿轮结构除了改变力的方向还起到了什么作用？

□ 加速　　　　□ 减速

(2)啮合在一起的齿轮转动方向是否相同？

□ 相同　　　　□ 不同

(3)动力从电机到转动轴经过了几次减速？

□ 2次　　□ 3次　　□ 4次

速度相同的分别为：

方向相同的分别为：

图 20-12　实验探究

思考

(1) 如果电机是顺时针转动，门会向着哪个方向转动？

(2) 利用其他齿轮传动和锥齿轮结构的结合，怎样实现门的自动开关功能？

拓展创新

1. 任务拓展

请尝试综合利用齿轮传动和锥齿轮结构，搭建一辆雷达小车，如图 20-13 所示，电机可以同时控制轮子和车上的雷达转动。

雷达部分
随电机转动

图 20-13　雷达小车

2. 举一反三

　　本课我们搭建完成了单开的电动门，如果是双开门，同时打开和关闭，要怎么搭建呢？如图 20-14 所示，锥齿轮结构起到了什么作用？

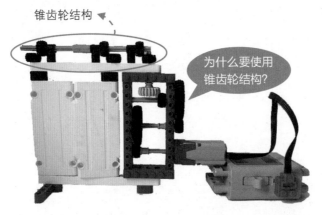

图 20-14 双开电动门

第6单元

机器人智能创意

EV3 套装中有颜色、触碰、超声波等多种传感器，使用这些传感器为机器人装上"眼睛""耳朵"，可以让机器人看得见、听得清，使它们变得更加聪明、智能。

本单元选择生活中常见的几个物体，设计了 3 个活动，分别是机械抓手、斗牛小车和预警雷达。通过活动体验、动手探究，掌握 EV3 传感器的使用及编程。

 本单元内容

第 21 课　机械抓手

扫一扫，看视频

机械抓手是一种能模仿人手和臂的某些动作功能，用于按固定程序抓取、搬运物件或操作工具的自动装置。特点是可以通过编程来完成各种预期的作业，构造和性能上兼有人和机器各自的优点。

任 务 发 布

(1) 了解机械抓手的作用、结构和原理，学会使用器材搭建一款机械抓手。

(2) 学会编写程序来控制机械抓手的动作，并可以通过修改参数来调试作品。

构思作品

机械抓手有很多种类，结构也有很大的差异。在构思这个作品时，首先要明确作品的功能与特点，然后提出并思考设计作品中需要解决的问题，并能够提出相应的解决方案。

1. 明确功能

要制作一个机械抓手，首先要知道它应当具备哪些功能或特征。请将你认为需要达到的目标填写在图 21-1 所示的思维导图中。

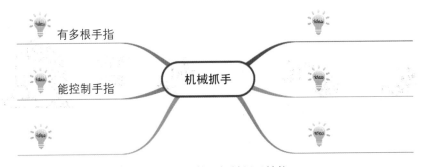

图 21-1　构思机械抓手结构

2. 头脑风暴

机械抓手是最早出现的工业机器人，也是最早出现的现代机器人，它可代替人的繁重劳动以实现生产的机械化和自动化。如图 21-2 所示，请仔细观察，并比较各种机械抓手结构的差异。我们在设计机械抓手的时候，有哪些地方需要借鉴呢？

图 21-2　各种各样的机械抓手

3. 知识准备

机械抓手所用的驱动机构主要有液压驱动、气压驱动、电气驱动和机械驱动。其中教育机器人套装中主要是用各种电机去驱动机械装置，即电气驱动。如图 21-3 所示，EV3 套装中包含大型电机和中型电机。

中型
电机

大型
电机

图 21-3　EV3 套装中的电机

4. 提出方案

通过上面的活动，我们了解到机械抓手可以是电机驱动的机械装置。为了分别驱动不同的手指，可以安装多个触碰传感器来得到不同的指令。机械抓手有几个手指呢？手指之间的相互关系如何？这些都是需要考虑的问题。如图 21-4 所示，提出机械抓手的初步方案。

图 21-4　初步方案

规划设计

1. 作品规划

根据以上方案，可以初步设计出作品的构架，请规划作品所需要的元素，将自己的想法和问题添加到图 21-5 所示的思维导图中。

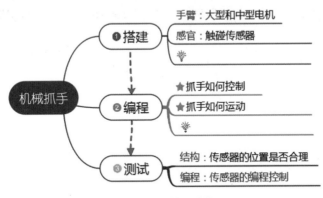

图 21-5　规划设计作品

2. 作品结构

机械抓手由控制器、按钮、手指和连接各部分的结构件4部分组成，如图21-6所示。你还有什么更好的结构方案吗？

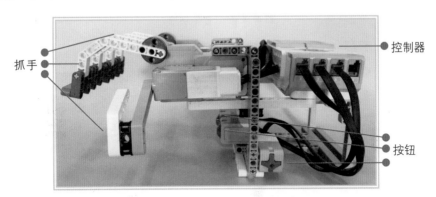

图 21-6　设计作品结构

3. 实施步骤

对作品的功能、特点及结构进行分析之后，需要考虑的问题就是如何分步来完成作品的制作。如图 21-7 所示，这个作品将被分为 4 个步骤来完成，请思考这 4 个步骤应当如何安排顺序，并用线连一连。

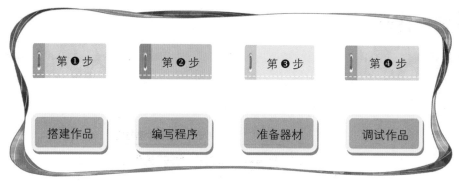

图 21-7　安排实施步骤

任务实施

　　作品的实施主要分为作品搭建、程序编写和作品调试几部分。本课的作品搭建全部用 EV3 套装。

1. 作品搭建

　　搭建机械抓手时，可以分模块进行。首先搭建手指，然后搭建按钮组合，最后用结构件将手指、按钮和控制器连接起来。

01　搭建 3 根手指　围绕 2 个大型电机和 1 个中型电机搭建手指，如图 21-8 所示。

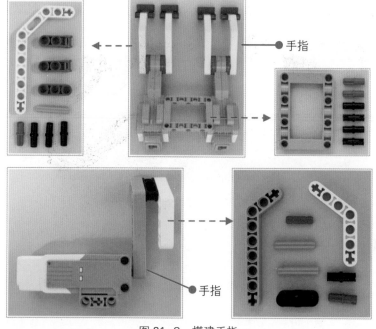

图 21-8　搭建手指

02 搭建按钮组合　围绕 3 个触碰传感器搭建按钮组合，如图 21-9 所示。

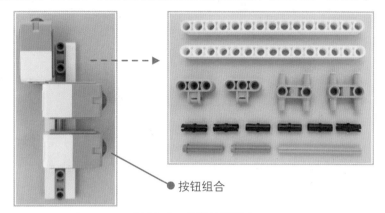

● 按钮组合

图 21-9　搭建按钮组合

03 安装控制器　用孔连杆和销等零件将控制器与各个手指组合起来，如图 21-10 所示。

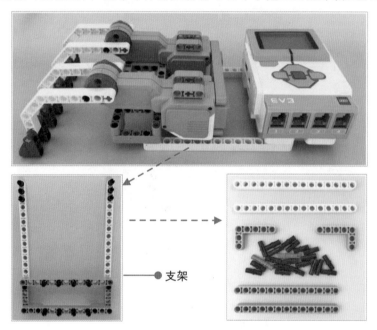

● 支架

图 21-10　安装控制器

04 安装按钮组合　用孔连杆和销等零件将按钮组合与控制器组合起来，如图 21-11 所示。

05 搭建尾部支架　用孔连杆和销等零件搭建尾部支架，调试时可以将机械抓手穿戴在人的手上，如图 21-12 所示。

06 连接电机和传感器　用数据线将 3 个电机分别与控制器的 A、B、C 端口连接，再用数据线将 3 个触碰传感器与控制器的 1、2、3 端口连接，如图 21-13 所示。

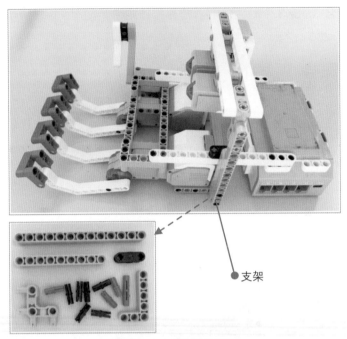

支架

图 21-11　安装按钮组合

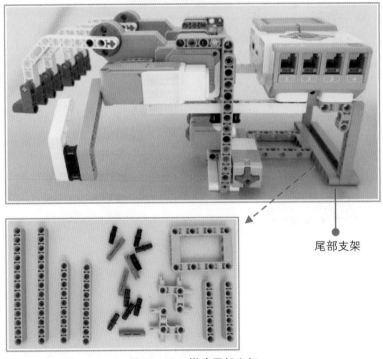

尾部支架

图 21-12　搭建尾部支架

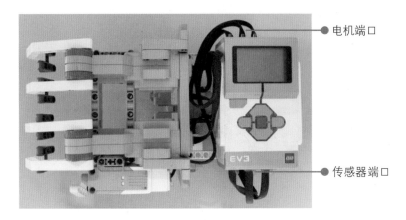

电机端口

传感器端口

图 21-13　连接电机和传感器

2. 程序编写

机械抓手有 3 个电机，分别由 3 个触碰传感器控制。当触碰传感器被按压下去时，对应的手指开始收拢；当触碰传感器被松开时，对应的手指开始张开。

01 设计程序框图　机器人一直在检测触碰传感器的状态，如果检测到按钮被按压下去时，手指收拢，否则手指张开，并且一直在执行中，如图 21-14 所示。

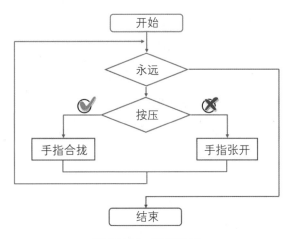

图 21-14　程序框图

02 设置第一根手指切换条件　在编程区内拖入"循环"和"切换"，并设置切换条件为"触碰传感器 – 比较 – 状态"，状态设置为"按压"，传感器端口号设置为 1，按图 21-15 所示操作。

03 设置第一根手指"收拢"动作　在"切换"模块的第一分支中拖入"中型电机"模块，状态设置为"开启"，速度设置为 10，电机端口号设置为 A，如图 21-16 所示。

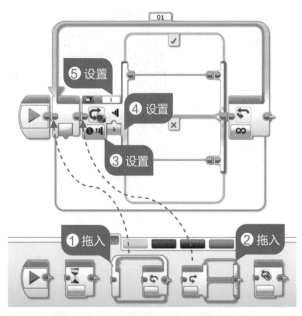

图 21-15　设置第一根手指切换条件

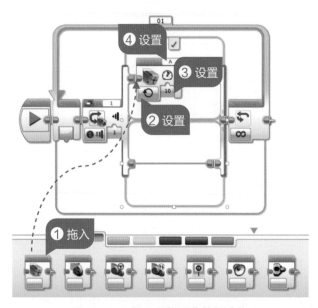

图 21-16　设置手指"收拢"动作

04 设置第一根手指"张开"动作　在"切换"模块的第二分支中拖入"中型电机"模块，状态设置为"开启"，速度设置为 –10，电机端口号设置为 A，如图 21-17所示。

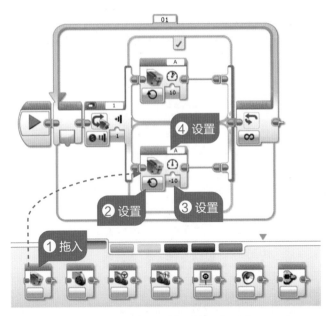

图 21-17 设置手指"张开"动作

05 **设置第二根手指切换条件** 在同一编程区内按图 21-18 所示操作。注意触碰传感器的端口号设置切换为 2，其他设置同第一根手指。

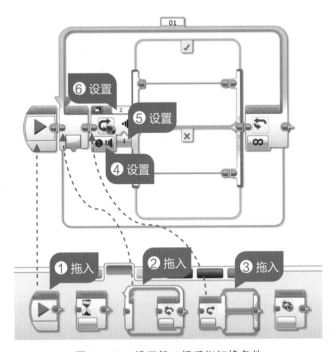

图 21-18 设置第二根手指切换条件

157

06 设置第二根手指动作　在"切换"模块的两个分支里，分别拖入一个"大型电机"模块，按图 21-19 所示操作。注意电机的端口号设置为 B，其他设置同第一根手指。

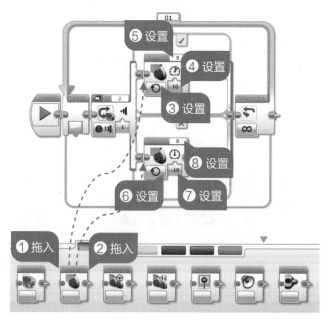

图 21-19　设置第二根手指动作

07 编写第三根手指程序　在同一编程区内编写程序控制第三根手指，操作步骤参考第二根手指。注意触碰传感器的端口号设置为 3，电机的端口号设置为 C。如图 21-20 所示，分别控制不同手指的三段程序编写完成。

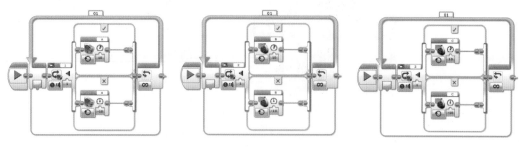

图 21-20　完整程序

3. 作品调试

将程序下载到控制器中并运行程序，尝试着抓取各种物品。如果遇到问题，可以从硬件和程序两方面进行调试。硬件主要是从结构、电机、传感器等方面进行逐一排查，程序主要是从端口号、参数等方面进行修改。按表 21-1 中的分组进行试验，并将结论和调试方案记录在表中。

表 21-1　机械抓手抓取物品试验记录表

分组	物品	结论	调试方案
	中号轮胎		
	小球		
	触碰传感器		
	大齿轮		

拓展创新

1. 任务拓展

机械抓手的搭建方法多种多样，可以根据需要抓取的物品设计不同的手指结构。如图 21-21 所示，这个机械抓手同样可以抓取轮胎或乐高球等物体。请对本课的作品进行修改，让机器人能抓取更多的物品。

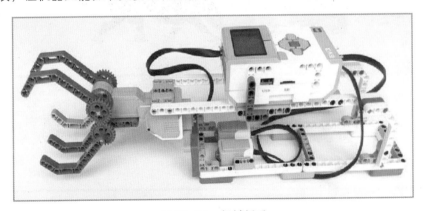

图 21-21　机械抓手

2. 举一反三

亲爱的小创客，你还能使用触碰传感器搭建出什么样的作品呢？期待看到你更加富有创意的作品哦！提示：图 21-22 所示为触控小车。

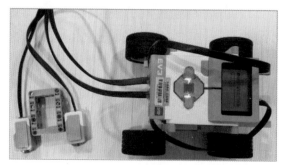

图 21-22　触控小车

第22课　斗牛小车

扫一扫，看视频

谈到西班牙的代表性运动，首先映入我们脑海中的就是西班牙的国粹斗牛了。手持红布的主斗牛士上场，表演一些引逗及闪躲动作。在本课中，我们一起利用颜色传感器来制作一辆简易的斗牛小车。

任 务 发 布

(1) 了解斗牛小车的结构和原理，学会使用器材搭建简易的斗牛小车。

(2) 学会使用斗牛小车探究颜色传感器的原理，了解颜色传感器的要素，学会使用颜色传感器搭建其他作品。

构思作品

斗牛小车其实就是一辆能判断颜色的小车。在构思这个作品时，首先要明确作品的功能与特点，然后提出并思考设计作品中需要解决的问题，并能够提出相应的解决方案。

1. 明确功能

要制作一辆斗牛小车，首先要知道它应当具备哪些功能或特征。请将你认为需要达到的目标填写在图 22-1 所示的思维导图中。

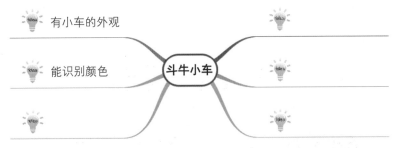

有小车的外观

能识别颜色

斗牛小车

图 22-1　构思斗牛小车结构

2. 头脑风暴

车是常用的生活生产工具，种类有很多，底盘也各不相同。如图 22-2 所示，请仔细观察，并比较各种车底盘的差异。我们在设计斗牛小车的时候，有哪些地方需要借鉴呢？

图 22-2　各种各样的车

3. 知识准备

乐高机器人中的颜色传感器是一种数字传感器，它可以检测到进入传感器表面小窗口的颜色或光强度。该传感器可用于 3 种模式：颜色模式、反射光强度模式和环境光强度模式。如图 22-3 所示，就是EV3 套装中的颜色传感器。

图 22-3　颜色传感器

4. 提出方案

通过上面的活动，我们了解到斗牛小车可以设计成装有颜色传感器的小车。选择什么电机搭建小车呢？颜色传感器装在什么位置呢？这些都是需要考虑的问题。如图 22-4 所示，提出斗牛小车的初步方案。

图 22-4　初步方案

📑 规划设计

1. 作品规划

根据以上方案，可以初步设计出作品的构架，请规划作品所需要的元素，将自己的想法和问题添加到图 22-5 所示的思维导图中。

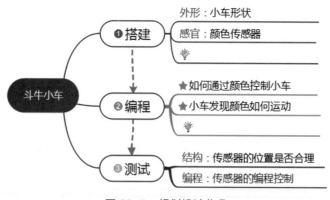

图 22-5　规划设计作品

2. 作品结构

斗牛小车由控制器、驱动轮、随动轮和传感器 4 部分组成，另外还需要搭建一个包含多种颜色的测试模块，如图 22-6 所示。你还有什么更好的结构方案吗？

图 22-6　设计作品结构

3. 实施步骤

对作品的功能、特点及结构进行分析之后，需要考虑的问题就是如何分步来完成作品的制作。如图 22-7 所示，这个作品将被分为 4 个步骤来完成，请思考这 4 个步骤应当如何安排顺序，并用线连一连。

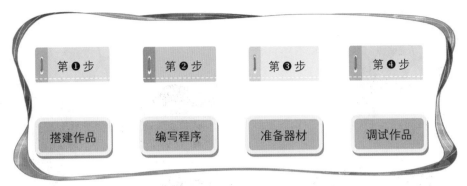

图 22-7　安排实施步骤

任务实施

作品的实施主要分为作品搭建、程序编写和作品调试 3 部分。本课的作品搭建全部用 EV3 套装。

1. 作品搭建

搭建斗牛小车时，可以分模块进行。首先搭建小车驱动轮，然后搭建随动轮，最后在小车底盘上安装控制器和颜色传感器。

01 搭建驱动轮　围绕 2 个大型电机搭建驱动轮，如图 22-8 所示。

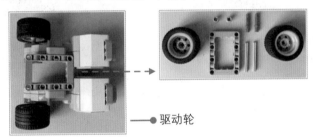

驱动轮

图 22-8　搭建驱动轮

02 搭建随动轮　围绕 1 个万向轮搭建随动轮，最终形成小车底盘，如图 22-9 所示。

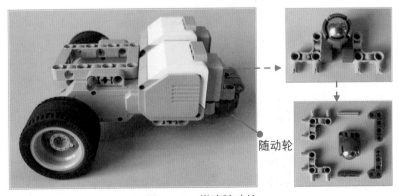

随动轮

图 22-9　搭建随动轮

03 安装颜色传感器　用孔连杆和销等零件将颜色传感器与底盘组合起来，如图 22-10 所示。

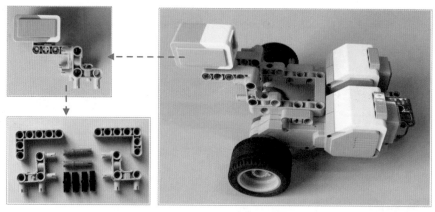

图 22-10　安装颜色传感器

04 安装控制器　用孔连杆和销等零件将控制器与底盘组合起来，如图 22-11 所示。

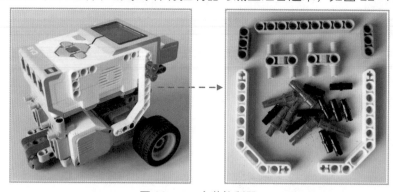

图 22-11　安装控制器

05 搭建测试模块　用框架、3 孔连杆和销等零件搭建包含多种颜色的测试模块，如图 22-12 所示。

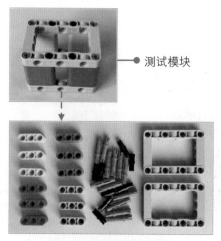

测试模块

图 22-12　搭建测试模块

06 连接电机和传感器 用数据线将 2 个电机分别与控制器的 A、B 端口连接，再用数据线将颜色传感器与控制器的 1 端口连接，如图 22-13 所示。

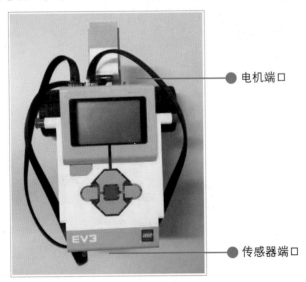

电机端口

传感器端口

图 22-13　连接电机和传感器

2. 程序编写

斗牛小车有 2 个电机和 1 个颜色传感器。当颜色传感器检测到红色时，小车向前直行，否则小车停止运动。

01 设计程序框图 机器人一直在接收颜色传感器的检测结果，根据结果做出不同的动作，如图 22-14 所示。

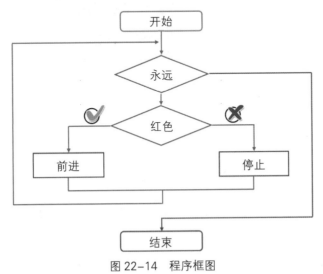

图 22-14　程序框图

02 设置切换条件 在编程区内拖入"循环"和"切换"，并设置切换条件为"颜色传感器 – 比较 – 颜色"，按图 22-15 所示操作。

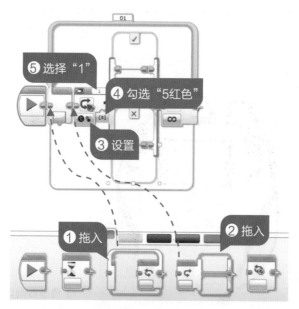

图 22-15　设置切换条件

03 设置"直行"动作　在第一分支中拖入"移动转向"模块并设置，如图 22-16 所示。

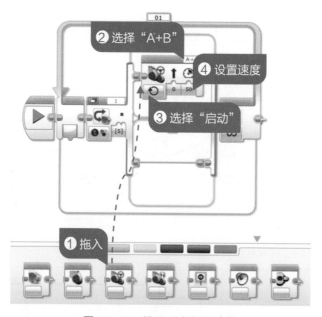

图 22-16　设置"直行"动作

04 设置"停止"动作　在第二分支中拖入"移动转向"模块并设置，如图 22-17 所示。

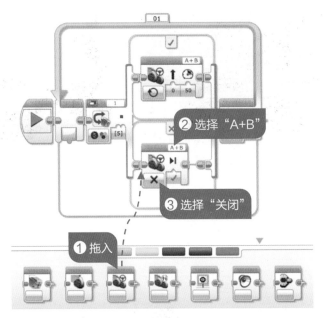

图 22-17　设置"停止"动作

3. 作品调试

将程序下载到控制器中并运行，将测试模块的不同位置放在颜色传感器前，观察机器人的动作。如果遇到问题，可以从硬件和程序两方面进行调试。硬件主要是从结构、电机、传感器等方面逐一进行排查，程序主要是从端口号、参数等方面进行修改。按表 22-1 中的分组进行试验，在程序中改变颜色传感器的工作模式，重新下载并运行程序，最后将结论记录在表中。

表 22-1　**颜色传感器试验记录表**

分组	观察	结论
颜色	用搭建好的测试模块的不同部位去靠近传感器，观察小车的动作	
反射光线强度	分别将黑色（深色）和白色（浅色）物体去靠近传感器，观察小车的动作	
环境光强度	将小车拿在手上，先后拿到光线强和光线弱的地方，观察小车的动作	

🌐 拓展创新

1. 任务拓展

小车的搭建方法多种多样，可以根据需要设计不同的底盘结构，如图 22-18 所示。请对本课的作品进行修改，让斗牛小车拥有不同结构的底盘。

图 22-18　小车

2. 举一反三

亲爱的小创客，颜色传感器除了能判别颜色以外，还能判断物体颜色的深浅，即物体的"灰度"。颜色传感器的作用非常强大，期待你的探索哦！提示：图 22-19 所示为巡线机器人。

图 22-19　巡线机器人

第 23 课　预警雷达

扫一扫，看视频

雷达，是英文 Radar 的音译，意思为"无线电探测和测距"，即用无线电的方法发现目标并测定它们的空间位置。雷达发射电磁波对目标进行照射并接收其回波，由此获得目标至电磁波发射点的距离、方位、高度等信息。

(1) 了解雷达的作用、结构和工作原理，学会使用器材搭建一款雷达。

(2) 学会编写程序来控制雷达的动作，并可以通过修改参数来调试作品。

构思作品

预警雷达有很多种类，结构也有很大的差异。在构思这个作品时，首先要明确作品的功能与特点，然后提出并思考设计作品中需要解决的问题，并能够提出相应的解决方案。

1. 明确功能

要制作一款预警雷达，首先要知道它应当具备哪些功能或特征。请将你认为需要达到的目标填写在图 23-1 所示的思维导图中。

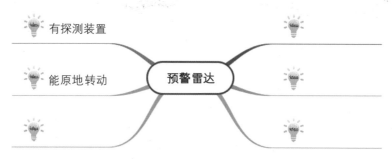

图 23-1　构思预警雷达结构

2. 头脑风暴

预警雷达在工作过程中要使用超声波。超声波的方向性好，穿透能力强，在水中传播距离远，可用于测距、测速、清洗、焊接、碎石、杀菌消毒等，在医学、军事、工业、农业上也有很多应用，如图 23-2 所示。请仔细观察超声波的各种应用。我们在设计预警雷达的时候，有哪些地方需要借鉴呢？

图 23-2　超声波的各种应用

3. 知识准备

超声波传感器是将超声波信号转换成其他能量信号（通常是电信号）的传感器。如

图 23-3 所示，就是 EV3 套装中的超声波传感器。

图 23-3　EV3 套装中的超声波传感器

4. 提出方案

通过上面的活动，我们已了解到预警雷达可以用超声波传感器进行模拟。那么，用什么电机驱动预警雷达转动呢？哪些部件可以转动呢？这些都是需要考虑的问题。如图 23-4 所示，提出预警雷达的初步方案。

图 23-4　初步方案

规划设计

1. 作品规划

根据以上方案，可以初步设计出作品的构架，请规划作品所需要的元素，将自己的想法和问题添加到图 23-5 所示的思维导图中。

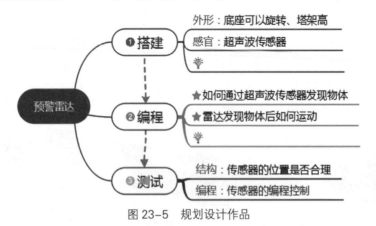

图 23-5　规划设计作品

2. 作品结构

预警雷达由控制器、底盘、中型电机、支架和超声波传感器等部分组成，如图 23-6 所示。你还有什么更好的结构方案吗？

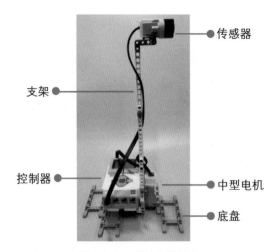

图 23-6　设计作品结构

3. 实施步骤

对作品的功能、特点及结构进行分析之后，需要考虑的问题就是如何分步来完成作品的制作。如图 23-7 所示，这个作品将被分为 4 个步骤来完成，请思考这 4 个步骤应当如何安排顺序，并用线连一连。

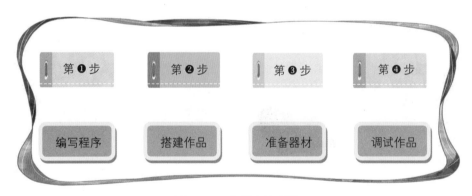

图 23-7　安排实施步骤

任务实施

作品的实施主要分为作品搭建、程序编写和作品调试几部分。本课的作品搭建全部用 EV3 套装。

1. 作品搭建

搭建预警雷达时，可以分模块进行。首先搭建底盘，然后安装中型电机，最后用结构件将传感器、控制器连接起来。

01　搭建底盘　围绕转盘搭建一个足够大的底盘，如图 23-8 所示。

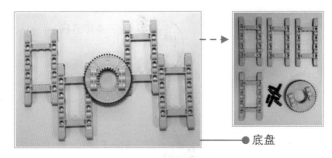

底盘

图 23-8　搭建底盘

02　安装中型电机　用孔连杆、齿轮和销等零件将中型电机与转盘进行连接，如图 23-9 所示。

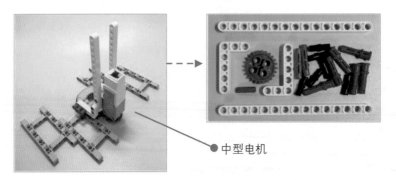

中型电机

图 23-9　安装中型电机

03　安装传感器　用孔连杆和销等零件将超声波传感器安装到高处，如图 23-10 所示。

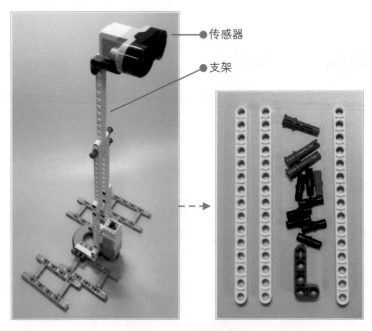

传感器

支架

图 23-10　安装传感器

04 安装控制器　用孔连杆和销等零件将控制器安装在支架上，如图 23-11 所示。

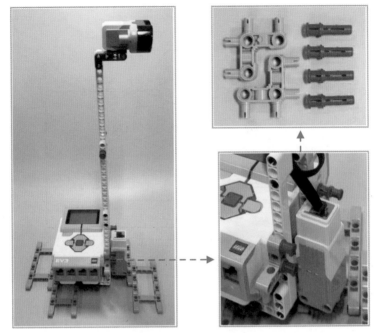

图 23-11　安装控制器

05 连接电机和传感器　用数据线将中型电机分别与控制器的 A 端口连接，再用数据线将超声波传感器与控制器的 1 端口连接，如图 23-12 所示。

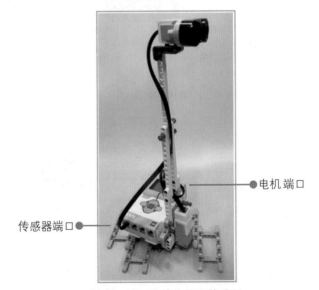

电机端口

传感器端口

图 23-12　连接电机和传感器

2. 程序编写

　　预警雷达有 1 个中型电机和 1 个超声波传感器。当超声波传感器检测到物体时，探测预警雷达停止转动并发出警报声；没有检测到物体时保持转动状态。

01 设计程序框图　机器人一直在获取超声波传感器检测到的距离值，根据距离值的不同做出相应的动作，并且一直在执行中，如图 23-13 所示。

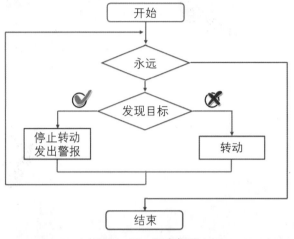

图 23-13　程序框图

02 设置切换条件　在编程区内拖入"循环"和"切换"，并设置切换条件为"超声波传感器 – 比较 – 距离（厘米）"，距离设定为"<30"，按图 23-14 所示操作。

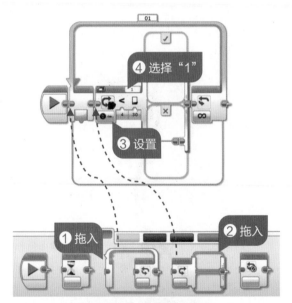

图 23-14　设置切换条件

03 设置"停止并发出警报"动作　在第一分支中拖入"中型电机"模块和"声音"模块。设置中型电机为"停止"，在声音模块左下角选择"播放文件"，在声音模块右上角选择"LEGO 声音文件 – 系统 –General alert"，如图 23-15 所示。

04 设置"转动"动作　在第二分支中拖入"中型电机"模块并设置，如图 23-16 所示。

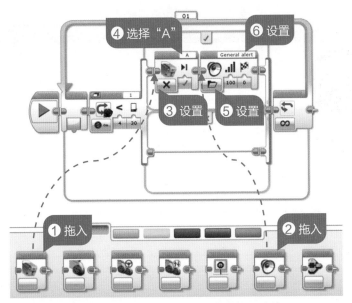

图 23-15　设置"停止并发出警报"动作

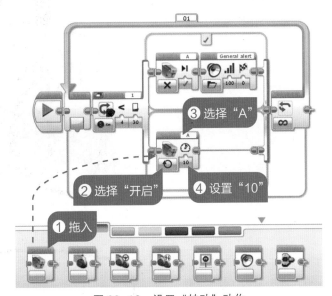

图 23-16　设置"转动"动作

3. 作品调试

将程序下载到控制器中并运行程序。如果遇到问题，可以从硬件和程序两方面进行调试。硬件主要是从结构、电机、传感器等方面进行逐一排查，程序主要是从端口号、参数等方面进行修改。还可以更换不同大小和颜色的物品，如轮胎、连杆、轴等，观察传感器是否能够准确检测到该物体。按表 23-1 中的分组进行试验，并将结论记录在表中。

表 23-1　预警雷达试验记录表

分组	物品	结论
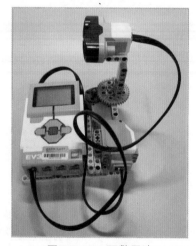	轮胎	
	孔连杆	
	轴	

拓展创新

1. 任务拓展

　　预警雷达的搭建方法多种多样，可以根据不同的需要设计不同的结构。如图 23-17 所示，这也是一种原理相同、结构不同的预警雷达。请仔细比较这些作品，并对本课的作品进行修改，设计出更好的作品。

图 23-17　预警雷达

2. 举一反三

　　亲爱的小创客，你还能使用超声波传感器搭建出什么样的作品呢？期待看到你更加富有创意的作品哦！提示：图 23-18 所示为棒球击球手。

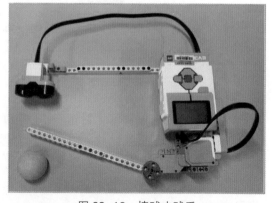

图 23-18　棒球击球手

第 7 单元

智能机器人设计

　　本单元以生活中常见的、有趣的事物为主要探索案例，先通过网络了解这些事物的原理，再根据乐高 EV3 已有的配件去设计制作智能机器人。

　　本单元从不同的机器人类型入手，选择了趣味性较强的案例，设计了 3 个活动，分别是车型机器人、多足机器人和搬运机器人。在看一看、想一想、搭一搭、玩一玩的过程中，初步感受智能机器人的设计方法，并通过编写程序去完成一些简单的任务。

 本单元内容

第 24 课　车型机器人

扫一扫，看视频

　　倒车是汽车驾驶的一项基本技术。汽车倒车时，由于车后方的情况不方便观察到，比较容易出现撞车的情况，倒车雷达解决了这个问题。当司机倒车时，倒车雷达开始不断地检测车尾部到后方障碍物的距离，一旦小于安全距离，就会发出警报声，而且距离障碍物越近警报声越尖锐刺耳，这样就能提醒司机注意安全，避免撞车。

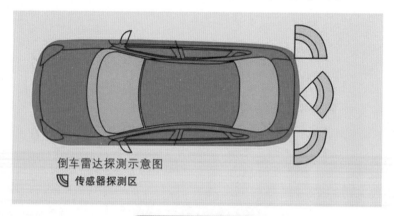

倒车雷达探测示意图

　　传感器探测区

任 务 发 布

　　(1) 了解倒车雷达的工作原理，学会使用器材设计并搭建有倒车雷达的车型机器人。

　　(2) 学会编写程序读取机器人与障碍物的距离，并控制机器人在安全距离内停止运动。

构思作品

　　设计制作一辆有倒车雷达的车型机器人，在构思这个作品时，首先我们要了解倒车雷达的工作原理，选择合适的传感器来实现雷达功能；然后明确作品的功能与特点，思考需要解决的问题，并提出相应的解决方案；最后设计搭建车型机器人。

1. 探究原理

　　要设计制作一辆有倒车雷达的车型机器人，首先要了解什么是雷达？它的工作原理是什么？通过网络查阅资料，结果如图 24-1 所示，蝙蝠从嘴巴发出声呐波，通过耳朵接收声呐反射波来感知事物；倒车雷达和蝙蝠声呐的原理一样，使用传感器发出信号，通过接收的反射信号来判断车后方障碍物的距离。

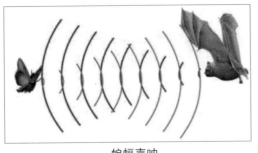

蝙蝠声呐　　　　　　　　　　　　　倒车雷达

图 24-1　探究原理

2. 明确功能

要设计制作一辆有倒车雷达的车型机器人，首先要知道它应当具备哪些功能或特征。请将你认为需要达到的目标填写在图 24-2 的思维导图中。

图 24-2　明确功能

3. 头脑风暴

倒车雷达的主要作用是检测车后方障碍物与车尾的距离，要实现这样的雷达功能，应该选择哪种传感器呢？在 EV3 中可选择超声波传感器来实现，其工作原理如图 24-3 所示。

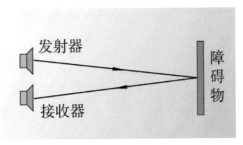

图 24-3　超声波传感器原理

4. 提出方案

通过以上的活动探究，了解了雷达的工作原理和可实现该功能的传感器。然后就可以根据传感器的大小来设计小车的结构，并确定传感器在小车上的位置，以及控制器的位置。请根据表 24-1 的内容，完善你的作品方案。

表 24-1　方案构思表

构思	提出问题
传感器	(1) 车轮的数量和结构 (2) 传感器的位置 (3) 控制器的位置
小车	想一想： _____
控制器	小车的驱动轮： □ 前轮驱动　　□ 后轮驱动

规划设计

1. 作品规划

根据以上方案，可以初步设计出作品的构架，请规划作品所需要的元素，将自己的想法和问题添加到图 24-4 所示的思维导图中。

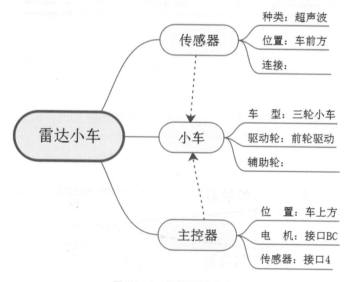

图 24-4　规划设计作品

2. 作品结构

雷达小车由车体、控制器和超声波传感器 3 部分组成，最重要的是由两个大电机构成的车体。如图 24-5 所示，在搭建车体时，要将超声波传感器和控制器的位置预留出来。

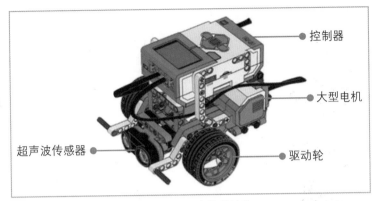

图 24-5　设计作品结构

3. 实施步骤

对作品的功能、特点及结构进行分析之后，需要考虑的问题就是如何分步来完成作品的制作。如图 24-6 所示，这个作品将被分为 4 个步骤来完成，请思考这 4 个步骤应当如何安排顺序，并用线连一连。

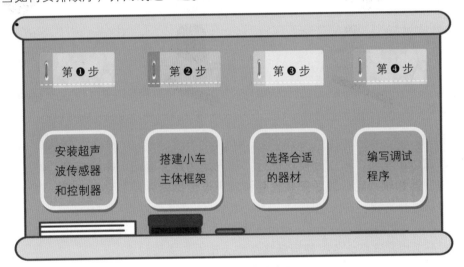

图 24-6　安排实施步骤

📖 任务实施

作品的实施主要分为器材准备、作品搭建和编程测试 3 部分。首先根据作品结构选择合适的器材；然后依次搭建车体和传动架，并将其组合；最后编程测试作品功能，开展实验探究活动。

1. 器材准备

小车的框架搭建选择大型电机、框架、孔连杆、直角连杆和销，驱动轮选择轮毂和轮胎，使用轴与车身连接，辅助轮选择球座和钢球，使用销与车体连接；控制器和超声波传感器分别使用销与车体连接。主要器材清单如表 24-2 所示。

表 24-2　雷达小车器材清单

名称	形状	名称	形状	名称	形状
5×7 框架		5×11 框架		3 孔连杆	
5 孔连杆		2 单位带十字孔的连杆		2×1 交叉梁	
2×4 直角连杆		3×5 直角连杆		3×7 弯连杆	
双弯连杆		套管若干		带轴套的销	
3×3 带角连接销		轮毂		轮胎	
3 单位指针		球座		钢球	
轴		带末端的轴		销	

2. 作品搭建

搭建雷达小车时，可以分模块进行。首先是搭建并固定小车的底盘，然后搭建支架连接控制器和辅助轮，最后安装轮胎和超声波传感器并连接到控制器。也可以根据自己的想法进行搭建。

01 搭建底盘　如图 24-7 所示，利用互锁机构，将框架与孔连杆锁定作为底盘，将齿轮置于 2 根孔连杆之间，使用轴将 2 个大型电机连接起来。

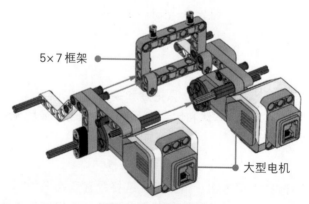

5×7 框架

大型电机

图 24-7　搭建底盘

02 固定电机　如图 24-8 所示，使用 5×11 框架将 2 个大型电机进行固定。

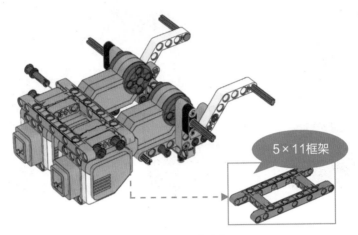

5×11框架

图 24-8　固定电机

03 连接控制器　如图 24-9 所示，使用连接件搭建支架，连接控制器和辅助轮。

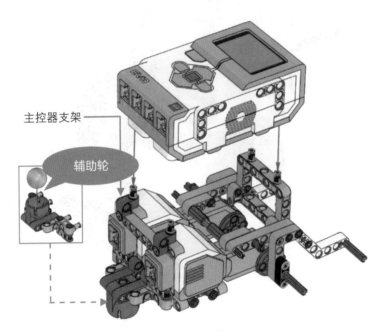

主控器支架

辅助轮

图 24-9　连接控制器

04 安装驱动轮　如图 24-10 所示，使用轮毂和轮胎组装成驱动轮，并连接到大型电机上。

05 连接传感器　如图 24-11 所示，使用孔连杆和销搭建支架，将超声波传感器连接到车体上，并使用数据线将大型电机和超声波传感器连接到控制器上。

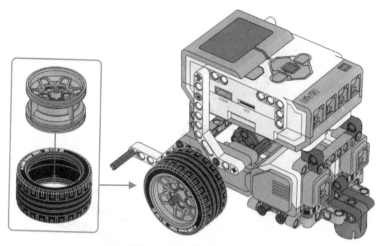

图 24-10　安装驱动轮

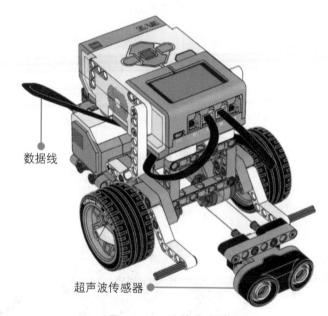

数据线

超声波传感器

图 24-11　连接传感器

3. 编程测试

雷达小车构建好之后，根据任务需求，先设计算法，然后编写程序并设置程序模块参数，最后下载运行程序。

设计算法

根据雷达小车的任务需求，设计程序算法流程图，并规划模块，列出需要使用的程序模块及参数。

01 　**绘制流程图**　根据任务需求，小车在前进时检测到障碍物后停止前进，绘制程序算法流程图如图 24–12 所示。

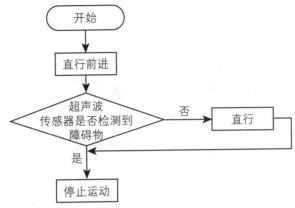

图 24–12　绘制流程图

02 　**规划模块**　根据此任务要求，需要使用的模块及参数如表 24–3 所示。

表 24–3　**程序模块表**

所属类别	模块名称	模块设置
1 动作	移动转向	开启：功率 50
2 流程控制	等待	等待 – 超声波传感器 – 更改 – 距离 (cm)：方向 1、距离 10
3 动作	移动转向	关闭：结束时制动 – 真

编写程序

根据算法设计和模块规划，编写程序，并连接控制器，下载运行程序。

01 　**启动软件**　双击桌面上的 LEGO MINDSTORMS EV3 Education Edition 图标，启动编程软件，单击"添加程序 / 实验"按钮，新建程序文件。

02 　**设置循环**　按图 24–13 所示操作，拖动"循环"模块到"开始"模块后，将端口设置为 B+C，状态设置为开启，功率设置为 0、35。

图 24–13　设置循环

03 检测障碍物　按图 24-14 所示操作，拖动"等待"模块到"转向移动"模块后，将端口设置为 4，状态设置为超声波传感器 – 更改 – 距离（厘米），方向设置为 1，量设置为 10。

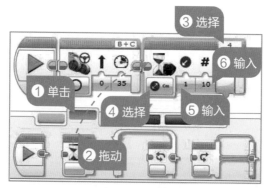

图 24-14　检测障碍物

04 停止运动　按图 24-15 所示操作，拖动"移动转向"模块到"等待"模块后，将端口设置为 B+C，状态设置为关闭。

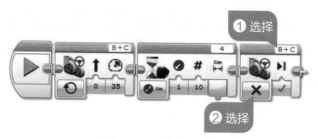

图 24-15　停止运动

05 下载运行程序　使用数据线将计算机和机器人连接起来，将程序下载到控制器中，运行并调试程序。

🌐 拓展创新

1. 任务拓展

　　想一想，我们身边有哪些设施上应用了超声波传感器？除了超声波传感器，还有哪些传感器可以实现雷达功能？

2. 举一反三

　　如果要让机器人检测到障碍物时避开障碍物继续前进，应如何设计算法？请将你设计的程序算法记录在表 24-4 中。

表 24-4　**算法设计表**

所属类别	模块名称	模块设置

第 25 课　多足机器人

扫一扫，看视频

　　小朋友们都觉得小动物很可爱，都很想有一只小宠物陪我们玩，可是经过一段时间后发现，宠物是需要照顾的，要经常给它洗澡、打针、喂食物、打扫窝、训练等，时间一长很多人就开始厌烦了，担心自己照顾不好它怎么办。很简单，今天我们就来制作一只可爱听话的机器小狗，来解决这个问题！

任 务 发 布

　　(1) 了解传感器的工作原理，学会使用器材设计并搭建一只机器小狗。

　　(2) 学会编写程序使机器小狗有"触觉"、能识别"食物"，并控制机器小狗发出不同的声音。

构思作品

　　设计制作一只有"触觉"和"视觉"的机器小狗，在构思这个作品时，首先我们要明确作品的功能与特点，并选择合适的传感器来实现这些功能；然后思考需要解决的问题，并提出相应的解决方案；最后设计搭建机器小狗。

1. 明确功能

要设计制作一只有"触觉"和"视觉"的机器小狗，首先要知道它应当具备哪些功能或特征。请将你认为需要达到的目标填写在图25-1的思维导图中。

图25-1　明确功能

2. 头脑风暴

机器小狗的主要功能是能感知食物，要实现这样的功能，应该选择哪种传感器呢？在EV3套装中可选择触碰传感器和颜色传感器来实现，如图25-2所示。

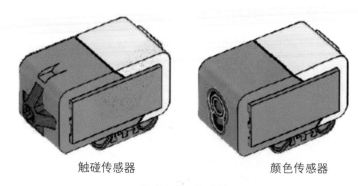

触碰传感器　　　　　　　　　　颜色传感器

图25-2　传感器

3. 提出方案

通过以上的活动探究，已了解了机器小狗的功能和可实现该功能的传感器。然后就可以根据传感器的大小来设计小狗的结构，并确定传感器的位置，以及控制器的位置。请根据表25-1的内容，完善你的作品方案。

表25-1　方案构思表

构思	提出问题
传感器	(1) 小狗四肢结构 (2) 传感器的位置 (3) 控制器的位置
控制器	想一想：_____
四肢	四肢的驱动： □ 前足驱动　　　　□ 后足驱动

规划设计

1. 作品规划

根据以上方案，可以初步设计出作品的构架，请规划作品所需要的元素，将自己的想法和问题添加到图 25-3 所示的思维导图中。

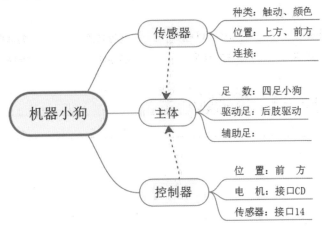

图 25-3　规划设计作品

2. 作品结构

机器小狗由主体、控制器和传感器几部分组成，最重要的是由两个大电机构成的主体。如图 25-4 所示，在搭建主体时，要将"传感器"和"控制器"的位置预留出来。

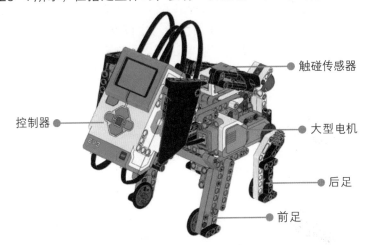

图 25-4　设计作品结构

3. 实施步骤

对作品的功能、特点及结构进行分析之后，需要考虑的问题就是如何分步来完成作品的制作。如图 25-5 所示，这个作品将被分为 4 个步骤来完成，请思考这 4 个步骤应当如何安排顺序，并用线连一连。

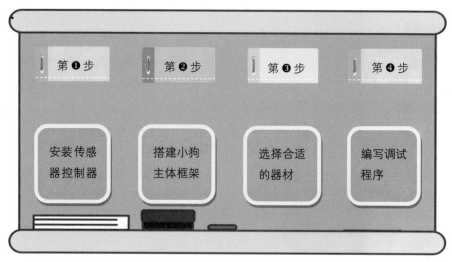

图 25-5　安排实施步骤

任务实施

　　作品的实施主要分为器材准备、作品搭建和编程测试 3 部分。首先根据作品结构选择合适的器材；然后依次搭建主体和传动架，并将其组合；最后编程测试作品功能，开展实验探究活动。

1. 器材准备

　　小狗的主体搭建选择大型电机、触碰传感器、框架、孔连杆、直角连杆和连接件；头部选择控制器和颜色传感器，使用齿轮与主体连接；四肢选择孔连杆和直角连杆，使用连接件与车体连接。主要器材清单如表 25-2 所示。

表 25-2　机器小狗器材清单

名称	形状	名称	形状	名称	形状
5×7 框架		5×11 框架		3 孔连杆	
5 孔连杆		2 单位带十字孔的连杆		2×1 交叉梁	
2×4 直角连杆		3×5 直角连杆		3×7 弯连杆	
双弯连杆		套管若干		带轴套的销	
3×3 带角连接销		齿轮		双锥齿轮	

（续表）

名称	形状	名称	形状	名称	形状
3 单位指针		球座		钢球	
轴		带末端的轴		销	

2. 作品搭建

　　搭建机器小狗时，可以分模块进行。首先搭建并固定小狗的主体，然后搭建支架连接控制器和辅助轮，最后安装轮胎和超声波传感器并连接。也可以根据自己的想法进行搭建。

01 **搭建主体**　如图 25-6 所示，使用各种连杆和轴将中型电机、齿轮组和触碰传感器连接起来，搭建出小狗的主体。

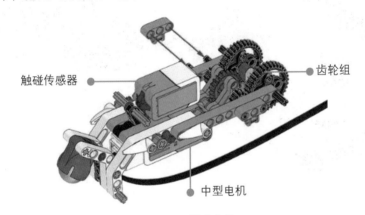

触碰传感器

齿轮组

中型电机

图 25-6　搭建主体

02 **安装大型电机**　如图 25-7 所示，使用连接件将大型电机与主体连接起来。

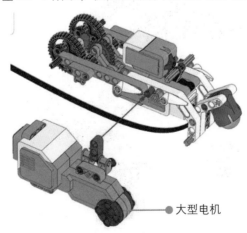

大型电机

图 25-7　安装大型电机

03 固定大型电机 如图 25-8 所示，使用 2 个 5×7 框架固定大型电机。

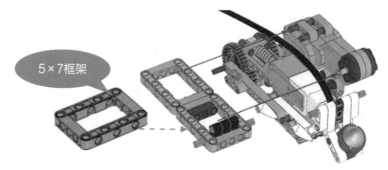

图 25-8 固定大型电机

04 安装触碰装置 如图 25-9 所示，使用 3×5 板和连接件搭建出触碰装置，并连接到主体上。

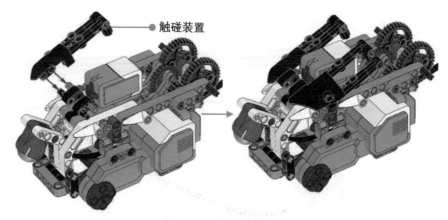

图 25-9 安装触碰装置

05 安装四肢 如图 25-10 所示，使用孔连杆和销搭建四肢，并连接到主体上。

图 25-10 连接四肢

06 安装颜色传感器　如图 25-11 所示，使用孔连杆和销搭建支架，将颜色传感器连接
到主体上。

颜色传感器

图 25-11　连接颜色传感器

07 安装控制器　如图 25-12 所示，使用孔连杆和销搭建支架，将控制器连接到颜色传
感器上方。

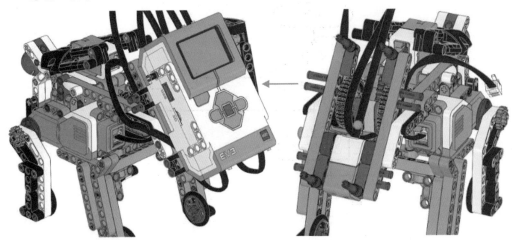

图 25-12　安装控制器

08 安装耳朵　如图 25-13 所示，使用 3×7 板、孔连杆和销搭建耳朵，并连接到控制
器两侧。

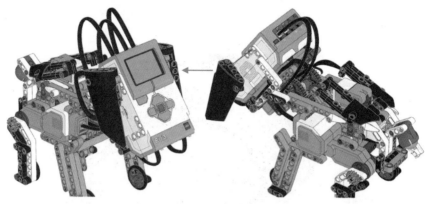

图 25-13　连接耳朵

3. 编程测试

机器小狗构建好之后，根据任务需求，先设计算法，然后编写程序并设置程序模块参数，最后下载测试程序。

设计算法

根据机器小狗的任务需求，设计程序算法流程图，并规划模块，列出需要使用的程序模块及参数。

01 绘制流程图　根据任务需求，机器小狗在感知到触碰后发出声音，绘制程序算法流程图，如图 25-14 所示。

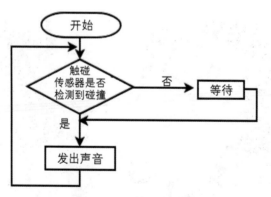

图 25-14　绘制流程图

02 规划模块　根据任务要求设计程序算法，如表 25-3 所示。

表 25-3　**算法设计表**

所属类别	模块名称	模块设置
1 流程控制	循环	无限循环
2 流程控制	等待	等待 – 触碰传感器 – 比较 – 状态（碰撞）：测量值 2
3 动作	声音	播放文件；音量 100；播放类型 0；文件名称：Dog sniff

编写程序

根据算法设计和模块规划，编写程序，并连接控制器，下载运行程序。

01 启动程序　启动编程软件，单击"添加程序 / 实验"按钮🞧，新建程序文件。

02 设置循环　按图 25-15 所示操作，拖动"循环"模块到"开始"模块。

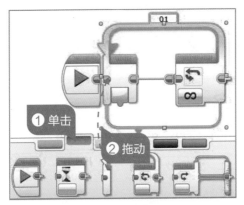

图 25-15　设置循环

03 检测碰撞　拖动"触碰传感器"模块到"循环"模块内，按图 25-16 所示操作，将端口设置为 1，设置为触碰传感器 – 比较 – 状态，状态设置为 2。

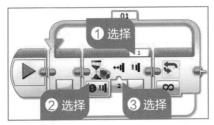

图 25-16　检测碰撞

04 发出声音　拖动"声音"模块到"等待"模块后，按图 25-17 所示操作，将状态设置为播放文件，文件名称设置为 Dog sniff，音量设置为 100，播放类型设置为 0。

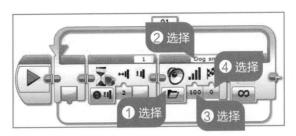

图 25-17　发出声音

05 下载运行程序　使用 USB 数据线将计算机和机器人连接起来，将程序下载到控制器中，运行并调试程序。

 拓展创新

1. 举一反三

如要让机器小狗使用颜色传感器看到"食物"时发出声音，应如何设计算法？请将你设计的程序算法记录在表 25-4 中。

表 25-4　算法设计表

所属类别	模块名称	模块设置

2. 任务拓展

设计一款能自动感知"食物"的智能机器小狗，在感知到"食物"后，小狗能站立或坐下，该如何设计算法和程序？

扫一扫，看视频

第 26 课　搬运机器人

在海运或河运的码头，有很多非常大且沉重的货物和集装箱，需要从船上搬运到岸上或从岸上装运到船上，我们经常可以看到机械手臂来帮助人们搬运这些货物。本课我们制作一个搬运机器人，来解决码头装运货物的问题。

任 务 发 布

(1) 了解机械手臂的结构，学会使用器材设计并搭建一个搬运机器人。

(2) 学会编写程序控制搬运机器人，从船上将货物抓取并搬运到岸上。

构思作品

设计制作一个搬运机器人，在构思这个作品时，首先我们要明确作品的功能，探究工作原理；然后思考需要解决的问题并提出相应的解决方案；最后设计搭建出作品

并编写程序完成任务。

1. 探究原理

要设计制作一个搬运机器人，首先要了解机械手臂的基本原理。如图 26-1 所示，如要完成搬运任务，需要完成旋转、升降和抓取 3 个关键步骤。

图 26-1　探究原理

2. 明确功能

要设计制作一个搬运机器人，帮助我们从船上搬运货物到岸上，首先要知道它应当需要完成哪些动作？需要具备哪些功能？请将你认为需要达到的目标填写在图 26-2 的思维导图中。

图 26-2　明确功能

3. 头脑风暴

在搬运货物的时候，为了不损伤设备，应该如何控制旋转和升降的角度？在 EV3 中要智能化的对角度进行限制，可选择触碰传感器和颜色传感器来实现，如图 26-3 所示。

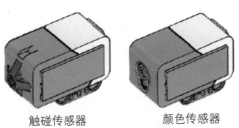

图 26-3　传感器

4. 提出方案

通过以上的活动探究，了解了机械手臂的结构和功能，以及需要使用的主要部件。然后就可以根据类型和功能来设计搬运机器人的结构，并确定主要部件的位置，以及控制器的位置。请根据表 26-1 的内容，完善你的作品方案。

表 26-1　方案构思表

构思	提出问题
传感器　电机　控制器	(1) 搬运机器人的结构 (2) 传感器的作用与位置 (3) 控制器的位置 想一想： _____ 动作需求：旋转→升降→抓取 底部驱动：　□ 大型电机　　□ 中型电机 肘部驱动：　□ 大型电机　　□ 中型电机 手部驱动：　□ 大型电机　　□ 中型电机

规划设计

1. 规划作品

根据以上方案，可以初步设计出作品的构架，请规划作品所需要的元素，将自己的想法和问题添加到图 26-4 所示的思维导图中。

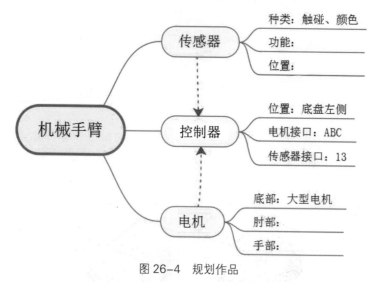

图 26-4　规划作品

2. 设计结构

搬运机器人由底盘、云台、肘部和手部 4 部分组成。手部使用中型电机，负责抓取货物；肘部使用大型电机，负责升降手部；云台使用大型电机驱动，负责旋转机械臂的方向。如图 26-5 所示，在搭建时要注意使用控制器平衡底盘重心，并将传感器的位置预留出来。

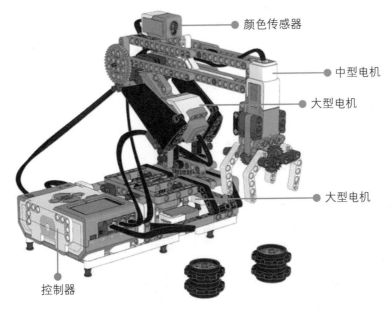

图 26-5 设计作品结构

3. 实施步骤

对作品的功能、特点及结构进行分析之后，需要考虑的问题就是如何分步来完成作品的制作。如图 26-6 所示，这个作品将被分为 4 个步骤来完成，请思考这 4 个步骤应当如何安排顺序，并用线连一连。

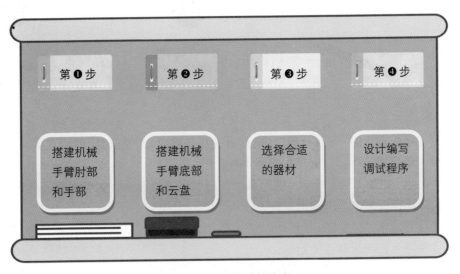

图 26-6 安排实施步骤

📖 任务实施

作品的实施主要分为器材准备、作品搭建和程序设计 3 部分。首先根据作品结构，选择合适的器材；然后依次搭建底盘、云台、肘部和手部，并将其组合起来；最后编程测试作品功能，开展实验探究活动。

1. 器材准备

搬运机器人的底部选择控制器、大型电机、触碰传感器、框架、孔连杆、直角连杆、齿轮和连接件，肘部选择大型电机和颜色传感器、长连杆、齿轮，使用连接件与底部连接，手部选择中型电机、孔连杆、直角连杆和齿轮，使用连接件与底部连接。主要器材清单如表 26-2 所示。

表 26-2　搬运机器人器材清单

名称	形状	名称	形状	名称	形状
5×7 框架		3 孔连杆		长连杆若干	
2 单位带十字孔的连杆		2×1 交叉梁		2×4 直角连杆	
3×5 直角连杆		3×7 弯连杆		双弯连杆	
3×3 带角连接销		套管若干		带轴套的销	
3 单位指针		齿轮		双锥齿轮	
轴		带末端的轴		销	

2. 作品搭建

搭建搬运机器人时，可以分模块进行。首先搭建底盘，连接云台；然后连接肘部电机，安装前臂；最后连接手部，固定前臂并连接。

01　搭建底盘　如图 26-7 所示，使用各种连杆和轴将控制器、大型电机、触碰传感器和齿轮组连接起来，搭建出底盘。

02　安装底部云台　如图 26-8 所示，使用各种连杆和齿轮搭建出云台和支架，并使用连接件将云台与底部连接起来。

03　安装肘部电机　如图 26-9 所示，使用各种连杆和连接件将控制肘部的大型电机连接到底部云盘上。

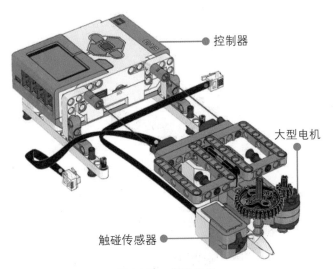

图 26-7　搭建底盘

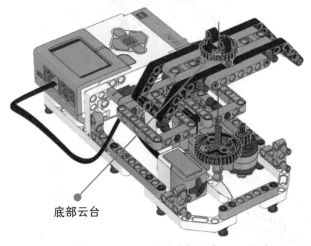

图 26-8　安装底部云台

图 26-9　安装肘部电机

04 安装前臂 如图 26-10 所示，使用各种孔连杆和连接件搭建出前臂，并使用轴连接到肘部，且用齿轮组连接到肘部大型电机上。

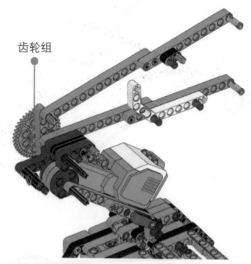

图 26-10 安装前臂

05 安装手部 如图 26-11 所示，使用中型电机、弯连杆和连接件搭建手部，并连接到前臂上。

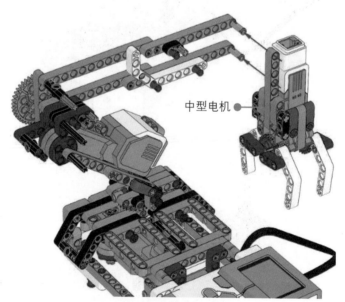

图 26-11 安装手部

06 固定前臂 如图 26-12 所示，使用颜色传感器、弯连杆和销搭建支架，并使用各种长连杆将前臂和手部固定上。

07 连接控制器 使用数据线将各种电机和传感器连接到控制器上。

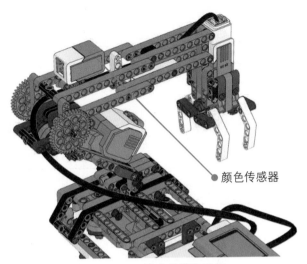

图 26-12　固定前臂和手部

3. 程序设计

搬运机器人搭建好之后，根据任务需求，先设计算法，然后编写程序并设置程序模块参数，最后下载测试程序。

设计算法

根据机械臂结构和任务需求，设计程序算法流程图，并设计启动、抓取、运送程序的算法流程图。

01　绘制流程图　根据任务需求，绘制程序算法流程图，如图 26-13 所示。

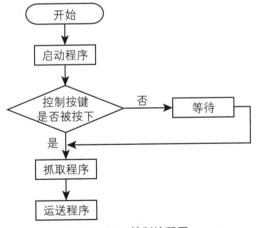

图 26-13　绘制流程图

02　绘制启动程序流程图　根据启动程序需求，绘制启动程序流程图，如图 26-14 所示。

03　绘制其他程序流程图　按上述方法绘制抓取程序流程图和运送程序流程图。

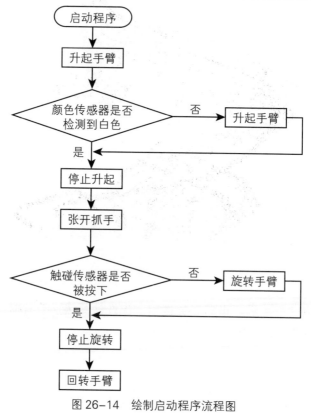

图 26-14　绘制启动程序流程图

编写启动程序

启动程序编写软件，编写机械臂启动程序，创建我的模块并命名为"qidong"。

01 启动程序　双击桌面上的 LEGO MINDSTORMS EV3 Education Edition 图标❷，启动编程软件，双击"添加程序/实验"按钮 ➕，新建程序文件。

02 升起手臂　按图 26-15 所示操作，拖动"大型电机"模块到"开始"模块后，将端口设置为 B，状态设置为开启，功率设置为 -50。

图 26-15　升起手臂

03 限制升起角度　分别拖动"等待"模块和"大型电机"模块到编辑区，按图 26-16 所示操作，将"等待"模块设置为颜色传感器 – 比较 – 反射光线强度，比较类型设置为 2，阈值设置为 25；将"大型电机"模块端口设置为 B。

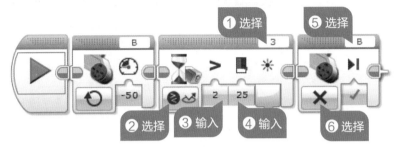

图 26-16　限制升起角度

04 张开抓手　拖动 2 个"中型电机"模块到编辑区并连接程序，按图 26-17 所示操作，将模式分别改为"开启指定秒数"为 1 秒和"开启指定度数"为 90。

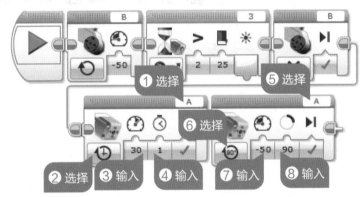

图 26-17　张开抓手

05 旋转手臂　分别拖动"大型电机"模块、"等待"模块和"大型电机"模块到编辑区并连接程序，按图 26-18 所示操作，分别设置模块参数。

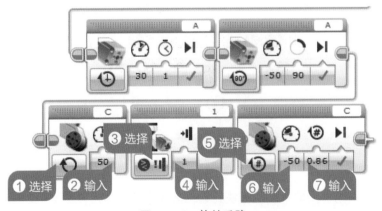

图 26-18　旋转手臂

06 创建启动模块 选中所有程序模块，按图 26-19 所示操作，创建我的模块并命名为
qidong。

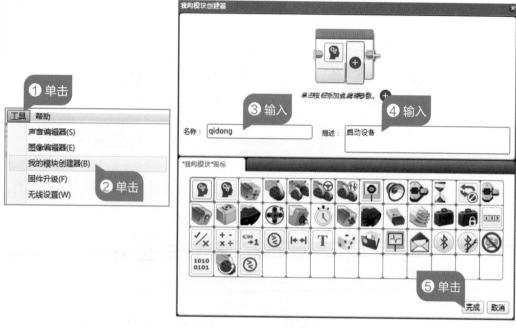

图 26-19 创建启动模块

编写抓取程序

编写机械手臂抓取货物的程序，创建我的模块，并命名为 zhuaqu。

01 旋转手臂 拖动"大型电机"模块到"开始"模块后，按图 26-20 所示操作，设置
模块参数。

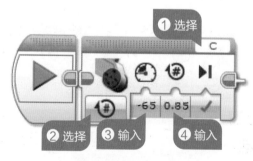

图 26-20 旋转手臂

02 下降手臂 拖动"大型电机"模块到编辑区并连接程序，按图 26-21 所示操作，设
置模块参数。

图 26-21　下降手臂

03 闭合抓手　拖动"中型电机"模块到编辑区并连接程序，按图 26-22 所示操作，设置模式参数。

图 26-22　闭合抓手

04 升起手臂　分别拖动"大型电机"模块、"等待"模块和"大型电机"模块到编辑区并连接程序，按图 26-23 所示操作，分别设置模块参数。

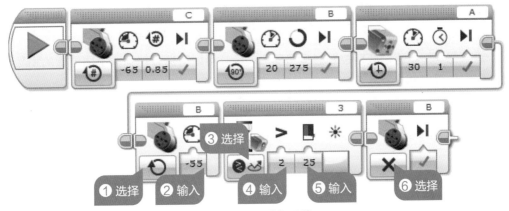

图 26-23　升起手臂

05 创建抓取模块　选中所有程序模块，创建我的模块并命名为 zhuaqu。

完善运行程序

编写机械手臂运送货物的程序，创建我的模块，并命名为 yunsong。编辑完整程序，连接控制器，下载并运行程序。

01 编写运送程序　按上述方法编写运送程序，创建我的模块并命名为 yunsong。

02 编辑完整程序 分别拖动 qidong、循环、等待、zhuaqu 和 yunsong 模块到编辑区并连接，按图 26-24 所示操作，设置模块参数。

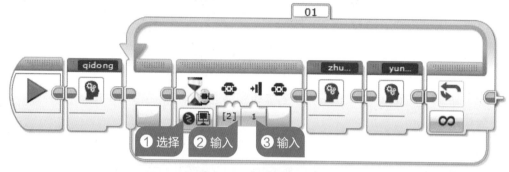

图 26-24 合成完整程序

03 下载运行程序 使用 USB 数据线将计算机和机器人连接起来，将程序下载到控制器中，运行并调试程序。

拓展创新

1. 举一反三

如要让搬运机器人抓取岸上的货物并搬运到船上，应如何设计编写程序？

2. 任务拓展

想一想，如要通过按钮控制搬运机器人，让其可以有选择地抓取不同位置的物品，该如何设计算法和程序？